Oceano fertilità

Psicologia della comunicazione nell'era della fecondazione assistita

A Emanuela

Girolamo Agnello

Oceano fertilità

Psicologia della comunicazione nell'era della fecondazione assistita

Girolamo Agnello
IRPACE Onlus
Istituto di Ricerca di Psicologia per l'Alto Carico Emotivo
Largo dei Librari, 89
00186 Roma
http://www.irpace.org
e-mail: info@irpace.org

Springer fa parte di Springer Science+Business Media

springer.it

ISBN 88-470-0319-9

Coordinamento redazionale: Anna Riccardi
Progetto grafico e impaginazione: Marco Lorenti, Varese
Produzione: Laura Mantovani
Stampato in Italia: Lineadue, Marnate (VA)

In copertina: Fabrice de Nola, Mare 1995, olio su tela cm. 150x60, www.denola.com

Indice

Introduzione[1]

L'approccio ortodosso in medicina ben conosce il concetto di "sistema". La stessa formazione accademica, prevista durante il corso di laurea, prevede lo studio del corpo umano sistematizzato in organi, ciascuno dei quali viene a sua volta osservato dal punto di vista sia macroscopico (topografia e interazioni con gli altri organi) sia microscopico (struttura dell'unità funzionale). Per ciascuno di questi due aspetti vengono studiate la parte statica (forma, volume, peso, anatomia ecc.), quella dinamica (funzione–fisiologia), la disfunzionale (patologia), la relativa diagnosi e cura (clinica).

Il medico – sebbene sempre più sedotto dal potere che la cultura iperspecialistica certamente conferisce – è ben consapevole del fatto che qualunque cambiamento interno (biochimico, bioumorale, cellulare) o qualsivoglia mutamento esterno (comportamentale, alimentare, farmacologico ecc.) comporta una modificazione del funzionamento degli organi[2], intesi sia come parti di un singolo sistema sia come elementi dell'intero corpo umano.

È proprio l'osservazione attenta del cambiamento, che il paziente presenta usualmente sotto forma di problema, a permettere al medico di acquisire le informazioni necessarie per attivare un processo diagnostico. Usualmente tale processo procede focalizzando l'attenzione sull'organo presentato come sede del problema: in tal caso, lo sforzo diagnostico e terapeutico si rivolge oggettivamente nella direzione dell'organo responsabile del disagio, ma rischia di perdere di vista il soggetto. In altri casi, il processo diagnostico e il successivo progetto terapeutico si compiono all'interno di una cornice che non perde mai di vista l'interezza. Secondo questa visione, i sintomi presentati sono considerati l'epifenomeno di una problematica che coinvolge il paziente nella sua totalità e ciò, aprendo varie ipotesi, richiede da parte del medico la capacità di formulare una corretta diagnosi e di individuare la terapia più appropriata per quel soggetto. In pratica, se si focalizza l'attenzione solo sull'organo "malato", si è orientati a proporre una sola diagnosi e una sola terapia; se si guarda al paziente nella sua interezza, si prospettano nuove ipotesi che a loro volta generano più diagnosi e più terapie.

---

1 Questo testo è stato prodotto con la collaborazione dell'équipe di lavoro di IRPACE Onlus (vedi nota 15) composta da Orazio Giancola, Maria Luisa Giglio, Emanuela Raso, Assunta Viteritti. Una prima versione in forma didattica di questo materiale è stata progettata e utilizzata dall'équipe nel corso del seminario nazionale "Relazione medico-paziente in procreazione medico assistita", tenutosi a Roma in tre edizioni: novembre 2003, febbraio 2004 e febbraio 2005.

2 Mi riferisco con questo concetto al cambiamento di un assetto, di una struttura, anche nel caso di patologia, che richiede comunque un adattamento degli organi alla nuova situazione, cioè una ristrutturazione.

È necessario, dunque, raccogliere tutti i pezzi del *puzzle* e riunirli per ottenere una visione d'insieme. Solo così si può svelare e rendere evidente la figura che essi realmente rappresentano.

Il paradigma cartesiano che postula la relazione causa-effetto e la riproducibilità dei fenomeni, sul quale si è fondata la comprensione scientifica dall'umanesimo ai giorni nostri, ci ha spinti a osservare i fenomeni che interessano la natura (in epoca medievale comprensibili solo in chiave magico-esoterica o religiosa, dunque difficilmente catalogabili e poco riproducibili) con una visione eccessivamente parcellare, sempre più specialistica e iperspecialistica, che tuttavia ha permesso di sistematizzare, fare ordine e aprire la strada allo sviluppo socio-tecnologico che oggi ci connota. Restringere il campo di osservazione ha senza dubbio ampliato la conoscenza dei particolari e ha così consentito una più facile, ordinata e rassicurante classificazione nosografica delle cose, rispondendo al paradigma scientifico che a suo tempo ha generato questo tipo di approccio. Se, da un lato, questo orientamento ha arricchito la scienza, dall'altro lato ha però impoverito l'osservatore il quale, nell'intento di ritagliarsi uno spazio e una dignità scientifici, ha dovuto, e purtroppo spesso deve ancora, rivolgere maggiore attenzione al particolare, perdendo dati relativi al fenomeno in studio nella sua interezza.

Ciò gli ha fatto perdere quel filo di Arianna che Bateson chiamava "la struttura che connette". Per comprendere meglio il significato complesso di questa espressione, può forse essere utile la definizione cui l'antropologo americano ricorre per esprimere il concetto di evoluzione: «*Continuo muoversi e fluire delle idee per mettere d'accordo tutte le idee*[3]». Come si può osservare, l'accento è posto su una concezione olistica del vivente, sull'unità e l'integrità della biosfera; se vogliamo sulla relazione tra elementi, *mai* sui singoli elementi.

Questa visione cambia la natura della stabilità e dell'equilibrio codificati dal paradigma cartesiano e apre la strada a quello cibernetico, il quale sostiene che «*Entrambi sono il risultato di un continuo processo di correzione attraverso una moltitudine di variazioni e di oscillazioni, come quello dell'equilibrista che cammina sulla corda*[4]».

Gli aspetti conoscitivi sopra esposti hanno stimolato nella nostra équipe una sorta di atteggiamento riflessivo, pronto a un continuo adattamento e attento ai sistemi complessi che coinvolgono l'essere umano e il suo ambiente. La metodologia utilizzata nella nostra ricerca è di analizzare l'infertilità attraverso le azioni che si compiono intorno a essa, una sorta di "*action-research*", per dirla con Kurt Lewin.

Il nostro studio si è svolto in due tempi. Il primo momento, a carattere empirico, ha preso spunto dall'osservazione e dalla conoscenza della realtà – in temini di esperienza concreta – che circonda il tema d'indagine. Questa fase, analogico-qualitativa, ci ha permesso di mettere in evidenza i tratti, gli atteggiamenti, le problematiche comuni ai pazienti infertili e, a loro volta, ai medici che li curano. Il secondo momento di ricerca, di tipo logico-quantitativo, ha consentito di mettere a

---

3 Cfr. Bateson G (1984) *Mente e natura*. Adelphi, Milano, p 84.

4 Cfr. Bateson G (1942) *The subject of cybernetics*. In: American Society of Cybernetics, Conferenza di cibernetica della Macy Foundation, maggio 1942.

punto e di realizzare strumenti di intervento pratico sul campo, capaci di determinare un cambiamento integrato al contesto in cui si opera, nell'intento di renderlo più funzionale. Dalla sinergia di questi due approcci è derivato uno snello protocollo di azione, in grado di ridurre i problemi emersi durante la fase di ricerca teorica. Anche le nostre finalità seguono due momenti fondamentali. L'aspetto pratico è volto a far sì che medico e paziente, impegnati entrambi sul terreno paludoso dell'infertilità, stiano meglio, fornendo loro strumenti di facile utilizzo: «*Non c'è nulla di più pratico di una buona teoria*[5]». Il secondo aspetto, di tipo teorico, è teso a dimenticare quanto assimilato in fase teorica e a cambiare il modo di agire; a trasformare cioè l'apprendimento in un modo di essere, in una nuova cultura: «*Che cosa vi è di più pratico di una buona teoria? Nessuna teoria*[6]».

Questo atteggiamento non intende mettere in discussione l'importanza della teoria ortodossa della casualità tra i fatti. Vuole più semplicemente sottolineare la necessità di studiare i fenomeni nei loro contesti e nel loro dinamismo, proprio alla luce del fatto che gli eventi avvengono all'interno di una società che cambia, e più velocemente del tempo necessario a osservarla, studiarla, sistematizzare i risultati e trarne conclusioni. Dare legittimità, pertanto, alla trasformazione antropologica della nostra società, che Bauman ha definito "liquida"[7], ci pare un passo inevitabile.

Se si muove da questi assunti, il paziente infertile e l'équipe che lo cura smettono di essere, rispettivamente, portatori di "oggetti rotti" e "tecnici specialisti nella riparazione". È ai soggetti che questo libro si rivolge ed è proprio l'essere "soggetto" che noi consideriamo la più grande risorsa per ottenere la salute tanto del medico quanto del paziente. Salute intesa non come assenza di alterazioni misurabili ma come equilibrio e globale armonia dell'intero individuo.

Questo è l'atteggiamento alla base del modo di curare proprio dell'omeopatia, dell'ajurvedica, dell'agopuntura, della medicina tibetana e cinese, che condividono la visione dell'uomo nella sua interezza e nella sua integrazione nell'ambiente senza, peraltro, rinunciare, in quanto medicine, al paradigma scientifico.

---

5 Cfr. Trombetta C, Rossiello L (2000) *La ricerca-azione. Il modello di Kurt Lewin e le sue applicazioni*. Centro Studi Erickson, Trento, pp 47-62.

6 *Ibidem.*

7 Cfr. Bauman Z (2004) *Amore liquido. Sulla fragilità dei legami affettivi*. Laterza, Roma-Bari.

1. L'infertilità nella società moderna

1.1 Infertilità: un malattia sociale

L'infertilità può essere considerata, a buon ragione, una malattia sociale connotata da un alto carico emotivo che coinvolge tanto i medici quanto i pazienti; ciò è facilmente intuibile considerando la percentuale di insuccesso propria delle tecniche in uso e il sovrainvestimento di aspettative da parte dell'utenza. Obiettivo del saggio è fare emergere le speciali problematiche che ruotano intorno alla condizione di infertilità/sterilità[8] e offrire strumenti capaci di ridurre, contenere e spesso risolvere gli esiti che i momenti critici producono.

L'uomo e la donna infertili/sterili non possono essere semplicemente inquadrati in categorie costruite per differenziare i generi o le classi dei portatori del disagio, perché, se da un lato ciò soddisfa l'esigenza nosografica e l'intesa linguistica tra gli addetti ai lavori, dall'altro, generalizzando, riduce la possibilità di osservare i particolari che questo fenomeno presenta.

L'infertilità/sterilità, tra le patologie che interessano l'uomo, assume particolare pregnanza perché attiva e modifica relazioni interumane, processi di autogiudizio, rapporti familiari e sociali, fino a provocare cambiamenti disfunzionali sufficientemente studiati in ambito comportamentale[9], relazionale[10], e intrapsichico[11].

---

[8] **Infertilità**: incapacità di concepire dopo un regolare rapporto sessuale non protetto. Normalmente, in presenza di rapporti non protetti, il 70% delle coppie avrà una gravidanza nell'arco di un anno e l'85% in due anni. Il mancato concepimento dopo un anno è generalmente visto come un'indicazione a iniziare le indagini e il trattamento. Studi epidemiologici mostrano che circa una coppia su sei presenta un problema di infertilità a un certo punto della sua vita. L'infertilità è primaria quando non si è mai avuta una gravidanza o secondaria quando non ci sono stati ulteriori concepimenti dopo uno o più precedenti gravidanze o aborti. Cfr. Reiss H et al. (1999) *Medicina della riproduzione dalla A alla Z*. CIC Edizioni Internazionali, Roma, p 67.
Sterilità: incapacità di avere figli a causa dell'assenza o della perdita delle funzioni delle gonadi o di altri organi genitali. Cfr. Reiss H et al., *op. cit.*, p 121.

[9] **Comportamentismo**: orientamento della psicologia moderna che, nell'intento di conferirle uno statuto simile a quello delle scienze esatte, circoscrive il campo della ricerca all'osservazione del comportamento animale e umano, rifiutando ogni forma di introspezione che per sua natura sfugge a una verifica oggettiva; detto anche behaviorismo, dalla denominazione inglese. Cfr. Galimberti U (1992) *Dizionario di psicologia*. UTET, Torino, pp 198-200.

[10] **Relazione**: il contenuto dell'interazione, la quantità, la qualità e la frequenza di relazione, i limiti di reciprocità con conseguente valutazione di profitti e perdite, le percezioni interpersonali di ciascun partner, e il grado di affidabilità che ciascun partner della relazione dà all'altro. A partire da questi parametri relazionali è possibile una descrizione della struttura sociale, che è la somma statistica delle strategie dei comportamenti individuali. Cfr. Hinde RA (1992) In: Galimberti U, *op. cit.*, p 808.

[11] **Intrapsichico**: termine impiegato per indicare il luogo di una dinamica psichica che può essere all'interno del soggetto tra due o più istanze psichiche. Cfr. Galimberti U, *op. cit.*, p 504.

Tali mutamenti sono così vasti e complessi da trascendere la stessa patologia organica. È perciò difficile pensare che l'équipe esperta in procreazione medico assistita (PMA), che a oggi può oggettivamente agire con successo solo nel 30% dei casi, possa rimanere estranea ai riflessi che la stessa patologia produce.

Ci focalizzeremo dunque su tutte le dinamiche che si verificano all'interno di una relazione medico-paziente quando l'argomento del dialogo è l'infertilità; guarderemo il fenomeno dall'alto per poi introdurci nelle vie più nascoste e intime che coinvolgono indifferentemente pazienti ed équipe.

Osservare, riflettere, costruire soluzioni: questi gli obiettivi; e per realizzarli partiremo da numeri e arriveremo a numeri. Ciò che caratterizza i nostri seminari è la grande dinamicità tra docente e discente ed è proprio quest'ultima, che nel corso della formazione esperienziale attraversa identità professionali e non, come quella del ginecologo, del biologo, dello psicologo e dello stesso paziente, a riuscire ad aggiungere contenuti importanti e nuovi punti di vista. Uno strumento più rigido e meno dialogico come questo testo non può offrire, ovviamente, le stesse opportunità. Tuttavia, ci consentirà pur sempre di seguire un percorso, come in un viaggio, in cui abbandoneremo il camice da medico per indossare le vesti del paziente, introdurremo l'idea del passaggio da esperto d'organo a professionista riflessivo, percorreremo il processo partendo dal primo colloquio con il paziente per giungere alla diagnosi, alla terapia e a i suoi esiti, familiarizzeremo con nuovi strumenti.

Il percorso appena descritto nelle sue tappe principali non è il viaggio, così come sfogliare il dépliant di un operatore turistico non è raggiungere e vivere le mete descritte. Ciò che si dipanerà in questo libro è semplicemente la descrizione delle strade e dei luoghi, senza altre pretese. Non ci sono parole e linee guida sufficienti a sostituirsi alla conoscenza acquisita all'interno dei seminari esperienziali e, ancor di più, nei luoghi professionali e nella vita.

Lo scritto, come l'arte, aiuta solo a riflettere e a immaginare.

Accettare questa riflessività, seppure difficile, riapre al medico la possibilità di avere la visione d'insieme e di sviluppare l'empatia che sintetizza la peculiarità del suo mandato.

Per empatia s'intende il sentimento o il pensiero di una persona che compenetra il ruolo dell'altro fino a raggiungere uno stato di identificazione. Immedesimarsi nell'altro, specie nel caso di patologie ad alto indice di fallimento terapeutico, evoca la difficoltà di caricarsi del suo peso o del suo dolore, anche se di questo si ha usualmente paura. È un po' la difficoltà che avvertiamo di fronte al povero, al tossicodipendente o al portatore di disagio che incontriamo per strada; se si attiva l'empatia, però, tutto cambia e straordinariamente diventa più leggero.

Quest'ultima esperienza catartica è comune a tutti; basti pensare al cinema o al teatro, dove gli attori s'identificano con i personaggi e gli spettatori con gli attori.

Il medico come consulente, come dice R. May, «*Deve dimenticare quasi completamente se stesso: questo è il motivo per cui, dopo qualche ora di lavoro genuino e intenso, egli si sentirà stranamente liberato dai suoi problemi personali e al tempo stesso stranamente affaticato, proprio come un artista dopo qualche ora di pittura*[12]».

---

12 Cfr. May R (1991) *L'arte del counseling*. Astrolabio, Roma, pp 49-63.

Se si attiva l'empatia (il sentire dentro, l'*Einfühlung* della psicologia tedesca che Jung pone al centro della sua teoria estetica), ogni momento della relazione medico-paziente, dall'accoglimento della coppia a quello informativo, da quello diagnostico a quello terapeutico, assumerà un diverso peso emotivo.

Certo, il medico quale detentore del sapere ha grandi armi, può esplorare un corpo, sa riconoscere le cause delle disfunzioni e propone soluzioni: questi momenti sono accolti dalla coppia come positivi. I due penseranno: «Adesso siamo dall'esperto, conosceremo le cause del nostro problema, troveremo una soluzione, potremo finalmente delegare a lui che sa accogliere le nostre ansie».

Ma questo esperto, lusingato dal paziente che si pone *nelle sue mani* e che ha grande considerazione della sua professionalità, un uomo che spesso si sente dire «*Prima viene Lei e poi Dio*», sa che l'investimento emotivo del cliente[13] supera ciò che egli stesso può offrire e gestire.

È in quest'ottica che lo studio delle complesse dinamiche interpersonali diventa, da un lato, un'enorme risorsa per la gestione della coppia infertile e, dall'altro, il catalizzatore delle dinamiche[14] interne del medico il quale vedrà, passo dopo passo, le proprie conoscenze scientifiche trasformate in una nuova epistemologia.

Il nostro approccio all'argomento di studio è di tipo interdisciplinare, non solo perché abbiamo osservato più professionalità contemporaneamente in azione, ma anche perché è realizzato dai diversi saperi e dai molteplici percorsi di formazione degli appartenenti al gruppo che costituisce IRPACE[15].

Partendo dalla conoscenza tecnica, teorica e pratica legata all'infertilità abbiamo osservato il fenomeno utilizzando l'esperienza clinica in ginecologia, l'ampia casistica delle turbe del comportamento sessuale, la profonda conoscenza delle dinamiche relazionali di coppia e di quelle intrapsichiche, l'esperienza fatta in formazione e consulenza aziendale e infine la docimologia[16] che, come branca della sociologia, ha permesso di trasformare in dati numerici l'osservato.

Questi gli strumenti del sapere, micro- e macroscopico, usati per guardare l'infertilità: enorme metafora sociale della vita e della morte di una specie.

---

13 **Cliente/paziente**: termine di nuova concezione che vede il soggetto che consulta il medico sotto un duplice aspetto; *cliente* è l'individuo sano non portatore di alcuna patologia che si rivolge al medico per richiedere consulenza; con il lemma di *paziente* si definisce una persona affetta da malattia che si affida alle cure di un medico.

14 **Il punto di vista dinamico**: concepisce i fenomeni psichici come il risultato di conflitti di forze in cui si articola l'energia psichica. Così l'azione permanente dell'inconscio incontra una forza, anch'essa permanente, che le vieta l'accesso alla coscienza. Questo carattere dinamico spiega la resistenza, la formazione di compromesso, i derivati del rimosso, la conversione e in generale i rapporti psico-fisici per cui lo psichico si converte nel somatico e il somatico nello psichico, senza alterare le equivalenze dinamico-energetiche, sia che l'energia psichica si manifesti con il corpo, sia che si esprima con la mente. Cfr. Galimberti U, *op. cit.*, pp 752-753.

15 **IRPACE**: Istituto di Ricerca in Psicologia dell'Alto Carico Emotivo, associazione senza fini di lucro che si occupa di migliorare la difficile relazione medico-paziente nei casi in cui la possibilità di fallire è maggiore di quella di guarire.

16 **Docimologia**: scienza che studia i diversi sistemi di misurazione e valutazione di prove, profitti, test, tenendo conto di variabili, discrepanze (...). Gli esiti che si ottengono, se elaborati, consentono di trasformare il punteggio grezzo in un punteggio che consente di collocare il risultato del singolo in relazione ai risultati di un certo numero di soggetti. I risultati si distribuiscono così allo stesso modo di un fenomeno casuale, secondo la curva di distribuzione normale, a un estremo della quale emergono i risultati da considerare insufficienti. Cfr. Galimberti U, *op. cit.*, p 305.

1.2 La dimensione sociale del fenomeno

Negli ultimi vent'anni, dai tempi in cui il mio maestro Ettore Cittadini invitava in Italia i pionieri australiani dell'infertilità di Melbourne – in particolare gli operatori del Queen Victoria Medical Center diretti da Carl Wood – sono cambiate molte cose. Gli stereomicroscopi[17] si sono arricchiti di tecniche semirobotiche per consentire la manipolazione dei gameti[18], gli incubatori[19] hanno garantito maggiore protezione agli embrioni[20] contro l'inquinamento, i terreni di coltura hanno nutrito al meglio queste forme di vita iniziali e larvali, ma in Italia, come in altri paesi del mondo, nessuno ha potuto garantire risultati di successo superiori al 30%, tranne in rari casi e per campioni numerici esigui. I limiti dei risultati terapeutici sono alla base di questo lavoro, che mostrerà come i numeri, in genere portatori di certezze, possano diventare fonti di ansie e di insicurezze.

Prima di addentrarci nelle pieghe del nostro studio ci è parso interessante dare un'occhiata trasversale ai dati pubblicati dal Ministero della Salute italiano e dalle associazioni di settore più accreditate. Com'è noto, non essendo stato ancora istituito un registro nazionale, i dati forniti dal Ministero soffrono di incompletezza e di vecchiaia; ciò nonostante, si tratta dei primi documenti nazionali, numericamente significativi, che ci permettono di fare una qualche fotografia della situazione attuale e che ci danno facoltà di valutare l'uso delle tecniche e il comportamento dei Centri terapeutici in un periodo antecedente alla nuova legge. Negli anni tra il 1994 e il 1998 sono stati raccolti dati provenienti da diverse regioni italiane per un totale di 14.770 cicli (Tab. 1). Abbiamo ritenuto opportuno non prendere in considerazione i dati del 1998, perché parziali.

Una prima analisi mostra che il maggior numero di cicli di terapia interessa donne in età compresa tra i 33 e 34 anni, mentre i rispettivi partner maschili sono in media maggiori di cinque anni. Il desiderio di gravidanza, e quindi la richiesta di terapie, raggiunge l'acme dopo due anni di rapporti liberi da protezione, per poi decrescere nei successivi tre.

Dallo studio dei cicli suddetti, fatto con indicazione di gruppo, emergono quali cause d'infertilità le patologie femminili nel 41% dei casi, le maschili nel 31% e pato-

---

[17] **Stereomicroscopio:** speciale microscopio che permette di vedere la terza dimensione di un oggetto. È il tipo di strumento usato per osservare e controllare ovociti ed embrioni e per eseguire l'inoculazione della testa dello spermatozoo nel citoplasma dell'ovocita avvalendosi di speciali bracci meccanici chiamati micromanipolatori.

[18] **Gameti:** cellule sessuali maschili e femminili, ossia l'ovocita maturo e lo spermatozoo, che sono capaci di combinarsi insieme a formare un nuovo individuo genetico. I gameti hanno metà del corredo cromosomico (23), noto come apolide, essendo andati incontro a meiosi, in modo che la combinazione dei gameti maschili e femminili al momento della fertilizzazione porti alla formazione di uno zigote con un normale numero di cromosomi (46), noto come diploide. Cfr. Reiss H et al., *op. cit.*, p 56.

[19] **Incubatore:** apparecchio che assicura una temperatura costante e un ambiente ottimale alle cellule germinative, in modo tale da favorire lo sviluppo degli embrioni e la loro sopravvivenza fino al trasferimento in utero. Durante tale periodo tutto il materiale biologico viene mantenuto dentro speciali mezzi di coltura che gli consentono di crescere in vitro.

[20] **Embrione:** prodotto della fertilizzazione di un ovocita da parte di uno spermatozoo. Nell'uomo tale termine è utilizzato per indicare il risultato del concepimento, dal momento in cui il patrimonio cromosomico del padre e della madre si fondono fino alla decima settimana di gestazione circa, epoca in cui si sviluppa la maggior parte degli organi e l'embrione diventa un feto. Cfr. Reiss H et al., *op. cit.*, p 39.

Tabella 1. Numero di cicli per Regione* e per anno

Regione	1994	1995	1996	1997	1998**	Totale	%
Piemonte	8	151	276	607	151	1193	8,07
Lombardia	715	939	1018	729	96	3498	23,66
Trentino Alto Adige	36	0	0	12	0	48	0,32
Veneto	101	359	419	398	162	1439	9,73
Friuli Venezia Giulia	0	0	39	67	0	106	0,72
Liguria	123	0	29	10	1	163	1,10
Emilia Romagna	513	278	132	535	209	1667	11,27
Toscana	106	143	192	304	54	799	5,40
Umbria	0	0	0	34	0	34	0,23
Lazio	138	368	572	496	176	1750	11,83
Abruzzo	0	147	203	254	9	613	4.15
Molise	0	0	27	32	0	59	0,40
Campania	28	80	142	277	114	641	4,33
Puglia	344	373	226	314	59	1316	8,90
Calabria	26	1	0	0	0	27	0,18
Sicilia	49	135	319	89	0	592	4,00
Sardegna	57	102	180	408	95	842	5,69
TOTALE	**2244**	**3076**	**3774**	**4566**	**1126**	**14.787**	**100**

Fonte: Ministero della Sanità, 1999.
* Per le regioni Valle d'Aosta, Marche e Basilicata non sono disponibili dati
** Dati parziali

logie di coppia nel 18%. Inoltre, com'è facilmente intuibile, il numero di successi (gravidanze ottenute) è maggiore sotto i trent'anni, pari a circa il 30%, per poi decrescere successivamente fino a raggiungere il 13% dai quarant'anni in poi. Questi primi rilievi mostrano che la popolazione infertile/sterile si comporta in maniera tale da rispecchiare il corrispondente modello sociale. L'osservazione dovrebbe essere sufficiente ad acquietare gli animi di alcuni politici e benpensanti che hanno visto nella determinazione espressa da parte delle donne che desiderano un figlio, ma che non possono averlo, una sorta di atteggiamento da virago attempata, capace solo di esprimere con la rabbia della frustrazione la propria volontà di maternità. Questa uniformità di esigenze tra la popolazione fertile e quella infertile, il fatto che di genetica si parli dentro tutte le case, provocato dalla legge italiana del 2004, il rilievo che l'infertilità interessa oggi il 20% della popolazione (dati AIED, 1994), o una coppia su sei secondo altre fonti, rende il fatto normalità nella differenza.

Il fenomeno, in continuo aumento (com'è noto), si avvicina infatti a quelle proporzioni numeriche che, in passato, hanno già fatto diventare normalità quelle "diversità" umane, come gli omosessuali o le etnie altre, un tempo ostacolate e vessate perché numericamente poco espressive.

La società, ormai certo non più basata sulla famiglia intesa in senso tradizionale, guarda alla coppia senza figli come a una modalità regolare di vita, a prescindere dal fatto che l'assenza di figli sia scelta o subita. Ipotizzo quindi che quel senso di colpa e di inadeguatezza che il soggetto infertile vive nei confronti della società "normale", date le dimensioni del fenomeno, si stia gradualmente ridimensionando.

Se guardiamo alla sterilità da un'ottica nazionalistica (l'Italia ha un tasso di natalità sotto lo zero ed è pertanto il paese, dopo l'Albania, più popolato da anziani), potremmo dire che il fenomeno è preoccupante ma, allargando l'obiettivo e rilevando che negli ultimi ottant'anni la popolazione mondiale è aumentata di sei volte, potremmo ugualmente sostenere, un po' cinicamente, che la sterilità tenta di assolvere un compito di riequilibrio ecologico. Lo stesso significato potrebbe avere la diminuzione del numero degli spermatozoi umani che negli ultimi anni ha visto l'Organizzazione Mondiale della Sanità definire "normale" un campione di venti milioni di spermatozoi contro gli ottanta milioni che venticinque anni fa costituivano lo standard.

1.3 La dimensione tecnica del fenomeno

La prima osservazione che risulta evidente esaminando il ricorso alle diverse procedure di PMA adottate negli ultimi dieci anni (Tab. 2) è che si è avuta una pro-

---

[21] **GIFT**: *gamete intrafallopian transfer*, tecnica di trasferimento del gamete nella tuba. In questa tecnica di riproduzione assistita, gli ovociti vengono prelevati (dopo stimolazione ovarica) attraverso la laparoscopia o l'aspirazione vaginale diretta sotto guida ecografia; vengono uniti a un campione di liquido seminale e introdotti nella tuba di Falloppio per via laparoscopica o per via transvaginale. La fertilizzazione ha luogo così nella tuba (al contrario della fertilizzazione in vitro). La GIFT dovrebbe essere eseguita solo se entrambe le tube sono pervie e sane, per evitare il rischio di gravidanze extrauterine. Le principali indicazioni alla GIFT sono l'infertilità inspiegata e alcune forme meno severe di infertilità maschile. Cfr. Reiss H et al., *op. cit.*, p 56.

[22] **TET e ZIFT**: *tubal embryo transfer e zygote intrafallopian transfer (transfer embrionale nelle tube e transfer intratubarico di zigoti)*, tecniche di fecondazione assistita che seguono la stessa procedura della GIFT ma che, diversamente da questa, prevedono il trasferimento nella tuba, rispettivamente, degli embrioni o degli zigoti a prescindere dal loro stadio di sviluppo. Cfr. Reiss H et al., *op. cit.*, p 56.

[23] **Laparoscopia o celioscopia**: tecnica nella quale viene utilizzato un endoscopio per visualizzare le strutture poste nella cavità peritoneale. Il laparoscopio è formato da un tubo rigido con lenti di ingrandimento e utilizza una sorgente luminosa per trasmettere l'illuminazione attraverso fasci di fibre di vetro. L'anidride carbonica viene immessa nella cavità addominale per ottenere una sua distensione prima dell'introduzione del laparoscopio. In medicina della riproduzione, la laparoscopia viene vista come il *gold standard* per la diagnosi di patologie pelviche. Inizialmente era usata per il prelievo degli ovociti nella FIV, che viene adesso eseguita generalmente per via transvaginale sotto guida ecografia. Era utilizzata anche prima di una GIFT. La laparoscopia avviene solitamente in anestesia generale. Bisogna porre una grande attenzione al training del personale per evitare complicazioni come la perforazione dell'intestino o sanguinamenti interni. Cfr. Reiss H et al., *op. cit.*, p 81.

[24] **FIVET**: *fecondazione in vitro ed embryo transfer*, tecnica di riproduzione assistita nella quale la fertilizzazione è ottenuta in laboratorio. Inizialmente, il ricorso alla FIVET era limitato alle donne con danno irreparabile delle tube, ma poiché la tecnica ha ottenuto grandi successi, viene oggi utilizzata più estesamente in casi di patologie come l'infertilità inspiegata, severa endometriosi e severa infertilità maschile (...). La FIVET consiste nel prelievo ovocitario subito prima dell'ovulazione che, nella maggior parte dei casi, è preceduta da stimolazione ovarica in modo da avere più ovociti disponibili. Gli

Tabella 2. Cicli di trattamento di PMA effettuati nel periodo 1994-1998 per tipo di procedura adottata

Tecnica	'94	%	'95	%	'96	%	'97	%	'98*	%	Totale	%
I. sempl.**	696	31	1.217	39,6	1.509	40,0	1.171	25,6	108	9,6	4.702	31,8
FIVET	1.139	51	1.408	45,8	1.526	40,4	1.743	38,2	489	43,4	6.305	42,6
GIFT	149	6,6	99	3,2	101	2,7	79	1,7	9	0,8	437	3,0
TET e ZIFT	58	2,6	70	2,3	13	0,3	120	2,6	12	1,1	273	1,8
ICSI	173	7,7	276	9,0	621	16,5	1.449	31,7	507	45,0	3.026	20,5
Altro	29	1,3	6	0,2	4	0,1	4	0,1	1	0,1	44	0,3
TOTALE	**2.244**	**100**	**3.076**	**100**	**3.774**	**100**	**4.566**	**100**	**1.126**	**100**	**14.787**	**100**

Fonte: Ministero della Sanità, 1999.
* Dati parziali 1998
** Tecnica *in vivo*

gressiva tendenza ad abbandonare le tecniche chirurgicamente più invasive, quali GIFT[21], TET e ZIFT[22], che prevedono un ricovero ospedaliero e una laparoscopia[23] operativa, a favore della FIVET[24] e della ICSI[25] (iniezione intracitoplasmatica dello spermatozoo dentro l'ovocita in vitro e transfer embrionale[26]), che possono essere gestite ambulatoriamente o in *day surgery*. Tale maneggevolezza gestionale a maggior ragione avvalora la scelta che si è determinata nel tempo.

ovociti vengono posti in mezzi di coltura specialmente preparati, insieme a un campione di liquido seminale. La fertilizzazione e la segmentazione sono monitorate dagli embriologi in laboratorio prima del trasferimento di uno o più embrioni allo stadio di 2-8 cellule, che ha luogo generalmente due o tre giorni dopo il prelievo ovocitario. Il trasferimento degli embrioni in utero viene eseguito attraverso il canale cervicale con uno speciale catetere. Cfr. Reiss H et al., *op. cit.*, pp 50-51.

25 **ICSI:** *intracytoplasmatic sperm injection*, iniezione di un singolo spermatozoo nel citoplasma dell'ovocita. Questa tecnica, sviluppata di recente, ha cambiato e migliorato il management dell'infertilità maschile legata a severa oligozoospermia. Prima dell'introduzione della ICSI, la tradizionale FIVET richiedeva più di circa mezzo milione di spermatozoi progressivamente mobili per una buona possibilità di fertilizzazione. La ICSI richiede l'iniezione di un solo spermatozoo in ciascun ovocita. Anche la disfunzione degli spermatozoi può essere superata dalla ICSI poiché, di solito, più del 50% degli ovociti fertilizzano normalmente, a prescindere dalla qualità degli spermatozoi iniettati purché siano vitali. Poiché sono richiesti così pochi spermatozoi, le indicazioni per la ICSI sono state estese per includere quasi tutti gli uomini con grave infertilità. Gli eiaculati di qualità più scarsa, come quelli con spermatozoi senza acrosoma (globozoospermia), con spermatozoi immaturi epididimali e testicolari e con spermatici rotondeggianti (arresto della maturazione), sono stati usati per generare embrioni. Circa un terzo degli uomini con azoospermia, perfino quelli con testicoli piccoli e atrofici e livelli complessivamente elevati di FSH, presenta alcune aree di normale produzione di spermatozoi nei testicoli che possono essere aspirate (TESA, *testicular sperm aspiration*) e bioptizzate per prelevare gli spermatozoi per la ICSI. Un attento monitoraggio degli embrioni e dei bambini nati dalla ICSI non ha mostrato un aumento delle malformazioni fetali, sebbene rimanga da confermare un apparente aumento delle anomalie cromosomiche legate al sesso. Tuttavia, l'insufficienza testicolare, determinando azoospermia e severa oligozoospermia, è associata a un cariotipo anormale nel 10-15% dei casi e la ICSI aggira i naturali eventi di selezione degli spermatozoi e maturazione; pertanto, una valutazione genetica del partner maschile è diventata essenziale come particolare precauzione contro la trasmissione di mutazioni. Cfr. Reiss H et al., *op. cit.*, pp 69-70.

26 Si ricorda che l'attuale legge in Italia, la discussa Legge 40, non consente di fertilizzare e trasferire più di tre embrioni per ciclo di trattamento.

Inoltre la GIFT e la TET, come è intuibile dalla descrizione delle procedure d'uso, presentano più complicanze (14%) rispetto alla ICSI e alla FIVET (1,5%). Ciò conferma ulteriormente la scelta degli esperti del settore di optare per le ultime due tecniche.

La GIFT, sebbene in inglese significhi "regalo", non lo fu altrettanto per la donna che doveva subire una celioscopia; e così non ebbe grande successo. Questo malgrado fosse l'unica tecnica ammessa, anche se non in modo esplicito, dalla Chiesa in quanto l'incontro dello spermatozoo e dell'ovocita, con questa procedura, avviene nelle tube e non fuori dal corpo. Per quanto riguardava il prelievo del seme[27], il documento del 1987 firmato dal cardinale Ratzinger, onde evitare la masturbazione, consigliava di avere un normale coito dopo aver indossato un preservativo con un piccolo buco.

Nella Tabella 2, parallelamente alla riduzione dell'uso del bisturi, si osserva la crescita dell'uso della ICSI, tecnica sofisticata, inizialmente scoperta per un errore di laboratorio da Giampiero Palermo nel 1992 durante uno stage nella clinica belga diretta da Van Steirteghem e poi messa a punto per favorire la fecondazione di ovociti da parte di spermatozoi biologicamente incapaci di fertilizzare da soli. Avviene così un cambiamento nell'uso degli strumenti disponibili; se, da un lato, questo mutamento protegge i pazienti da tecniche visibilmente invasive, dall'altro viene esercitata un'azione biologica forse più intrusiva rispetto a quella chirurgica. Infatti, come è noto, la ICSI prevede da parte del biologo la scelta dello spermatozoo che feconderà l'ovocita e quindi la determinazione di chi sarà il nuovo embrione, cosa che nella FIVET è lasciata, seppure dentro la piastra, alle capacità penetrative dello spermatozoo.

Al di là di queste osservazioni di carattere squisitamente bioetico e filosofico, si sono osservati un maggior numero di patologie cromosomiche e un alto numero di casi di ipospadia[28] nei nati da ICSI da padri con insufficienza testicolare[29]. Altri Autori[30] sostengono inoltre che vi sia un rischio di patologie cromosomiche più alto nei nati da ICSI rispetto ai nati concepiti naturalmente, a prescindere della qualità dei gameti maschili utilizzati per fecondare gli ovociti. Malgrado ciò, questa scelta trova un ampio campo applicativo nei casi in cui la cattiva qualità dei gameti maschili non permette al biologo la loro utilizzazione per la FIVET.

Con il passare degli anni, come abbiamo osservato eseguendo interviste presso i Centri di PMA, il numero delle ICSI, metodo messo a punto per i casi di severa oligozoospermia, è salito in maniera apparentemente ingiustificata fino a superare ampiamente il 50% delle tecniche utilizzate complessivamente. Lo confermano anche i dati relativi ai risultati ottenuti con le varie metodiche dal Centro

---

[27] Cfr. Valentini C (2004) *La fecondazione proibita*. Feltrinelli, Milano, pp 47-48.

[28] **Ipospadia**: anomalia congenita del pene nella quale le urine passano attraverso un'apertura anormalmente posizionata sulla superficie inferiore del corpo del pene. Questa patologia viene trattata normalmente con un intervento di plastica ricostruttiva durante l'infanzia. Tranne nei casi in cui è associata a una anomalia dei testicoli o dell'apparato genitale maschile, la fertilità è normale. Cfr. Reiss H et al., *op. cit.*, p 76.

[29] Cfr. Wennerholm UB, Bergh C et al. (2000) *Obstetric outcome and follow-up of children born after in vitro fertilization (IVF).* Human Fertil (Camb) 3(1):52-64.

[30] Cfr. Ludwig M, Katalinic A *(2002) Malformation rate in fetuses and children conceived after ICSI: results of a prospective cohort study.* Reprod Biomed Online 5(2):171-178.

Tabella 3. Dati relativi all'attività del Centro di PMA SISMER nel periodo 1997-2001

Tecniche	FIVET	ICSI	MESA/TESA	Biopsia embrionale per PGD
N. cicli	986	1.123	233	568
N. trasferimenti	886	959	159	365
N. gravidanze	317	320	50	119
% gravidanze	36%	33%	31%	33%
Indice d'impianto*	23%	21%	18%	23%

Fonte: SISMER, 2001.
*Probabilità di ciascun embrione trasferito d'impiantarsi in utero

SISMER (Società Italiana Studi Medicina della Riproduzione) di Bologna, negli anni di attività 1997-2001, trasferendo al massimo due embrioni (Tab. 3). Questo lavoro, più recente rispetto ai dati ministeriali sopra esposti, evidenzia come l'uso dell'ICSI superi del 15% la FIVET senza offrire maggiori vantaggi apparenti in termini di gravidanze ottenute.

1.4 Riflessioni sulle tecniche

Sarebbe ora opportuno soffermarsi sulla scelta delle tecniche da parte degli operatori del settore e su come i pazienti rispondono dal punto di vista comportamentale di fronte alle diverse modalità terapeutiche. La Tabella 4 illustra la percentuale di abbandono dei cicli da parte dei pazienti.

Risulta subito evidente che l'abbandono è solo del 1,98% nel caso di inseminazioni semplici probabilmente perché la tecnica, essendo più simile a ciò che avviene in natura, quindi più conosciuta e controllabile, genera meno ansia rispetto alla FIVET (10,85%), condizione quest'ultima che vede il paziente totalmente affidato alla tecnologia.

Se ne potrebbe concludere che tanto più il corpo viene coinvolto, più la tecni-

Tabella 4. Cicli sospesi per tipo di tecnica di PMA adottata

Tecnica	Cicli iniziati	Cicli sospesi	%
Inseminazioni semplici*	4.702	93	1,98
FIVET	6.305	684	10,85
GIFT	437	21	4,81
TET e ZIFT	273	14	5,13
ICSI	3.026	214	7,07
Altro	44	1	2,27
TOTALE	**14.787**	**1.027**	**6,95**

Fonte: Ministero della Salute, 1999.
* Tecnica *in vivo*

Tabella 5. Numero di cicli spontanei e di induzione per tecnica di PMA

Tecnica	Cicli iniziati	Cicli spontanei	Cicli per induzione	% spontanei	% induzione
Inseminazioni semplici	4.702	2.010	2.692	42,75	57,25
FIVET	6.305	2.218	4.087	35,18	64,82
GIFT	437	203	234	46,45	53,55
TET e ZIFT	273	114	159	41,76	58,24
ICSI	3.026	481	2.545	15,90	84,10
Altro	44	33	11	75,00	25,00
TOTALE	**14.787**	**5.059**	**9728**	**34,21**	**65,79**

Fonte: Ministero della Salute, 1999.

ca è condivisibile, meno esterna è la procreazione, tanto più il paziente acquista fiducia nelle proprie capacità.

I dati presentati nella Tabella 5 permettono di osservare come di fronte a tecniche più sofisticate, quindi meno comprensibili e più lontane dalla natura, il numero dei cicli indotti farmacologicamente sia percentualmente più alto (64-84%) rispetto a quelli spontanei, che vengono invece utilizzati in maggior misura nelle metodiche più vicine alla fisiologia (42,7% nell'inseminazione semplice). I dati potrebbero essere espressi con questo assunto: più la tecnica applicata è avanzata, più la natura, cui si guarda in questo caso con il sospetto rivolto a ciò che non può essere controllato, deve essere sostituita. Una volta decisa una strategia terapeutica, che necessita di molte indagini ed è costosa, come quella applicata nella fecondazione extracorporea, il ginecologo non può affidare un già incerto risultato a una ancora più incerta risposta del corpo umano; attua allora la corretta scelta protocollare che prevede, con l'impiego di farmaci, il blocco ipofisario della paziente nel ciclo precedente alla fecondazione. In tale maniera egli si assicura la quiescenza dell'ovaio e l'azzeramento della relativa produzione ormonale. Giunta la mestruazione, si avvia la stimolazione ovarica con gonadotropine[31], il cui dosaggio viene scelto in relazione a un monitoraggio ecografico e dell'estrogeno plasmatico; in tale maniera avviene una sostituzione totale delle funzioni endocrine della donna.

[31] **Gonadotropine**: termine con cui si designano l'ormone follicolo-stimolante (FSH) e l'ormone luteinizzante (LH), prodotti dall'ipofisi, e la gonadotropina corionica umana (hCG), prodotta dalla placenta. Le gonadotropine ipofisarie sono prodotte in maniera pulsatile, con variazioni in tutto il ciclo mestruale, sotto l'influsso del GnRH (gonadotrophin releasing hormone) ipotalamico. Esse stimolano la crescita e la differenziazione dei follicoli e la produzione di steroidi da parte delle cellule ovariche della granulosa e della teca. Nei cicli ovulatori, le concentrazioni di FSH sono relativamente alte durante la fase follicolare, stimolando così lo sviluppo del follicolo dominante. Il successivo aumento dell'estradiolo, prodotto dalle cellule della granulosa del follicolo, sopprime l'FSH, ma a una certa soglia stimola il picco dell'LH che dà inizio all'ovulazione. Le urine purificate di donne in post-menopausa contengono elevati livelli di FSH e di LH e vengono utilizzate come hMG (gonodatropina menopausale umana). La somministrazione di tale preparazione durante la fase follicolare iniziale può indurre lo sviluppo follicolare multiplo prima del prelievo degli ovociti e della FIVET. L'iperstimolazione ovarica può rappresentare un serio effetto collaterale della terapia con gonadotropine. Cfr. Reiss H et al., *op. cit.*, pp 58-59.

In qualche modo, così facendo, l'operatore si sente più sicuro, dal punto di vista numerico e anche psicologico, di ottenere il risultato migliore.

La tecnologia, che in questi casi sostituisce quasi *in toto* la natura, trova la piena complicità di quei pazienti che, sfiduciati dalla loro incapacità procreativa, non vedono l'ora di allentare le tensioni generate affidandosi completamente all'esperto.

Come si può notare, nel caso della ICSI la coppia, che si sente incompetente dal punto di vista sia tecnico sia procreativo, nell'84,10% dei casi affida all'équipe la gestione totale dei gameti sin dalla fase produttiva degli ovociti necessari. Ma se questo "pensateci voi" riduce l'ansia dei pazienti, sicuramente fa crescere quella degli operatori, investiti da troppa responsabilità. Questa potrebbe essere una possibile interpretazione che aiuti a comprendere l'attuale ricorso alla ICSI oltre le indicazioni protocollari. Il biologo, investito da un'eccessiva delega, può inconsciamente sentirsi più sicuro di ottenere la fecondazione affidandosi alle sue stesse mani e non all'incerta casualità dell'incontro tra gameti e, protetto dal proprio sapere, potrà finalmente consegnare al ginecologo e ai pazienti l'embrione/gli embrioni tanto attesi.

Il piccolo atto rassicurante che il biologo esegue nel decidere quale spermatozoo deve penetrare l'ovocita cambia però i criteri di causalità che caratterizzano il nostro essere individui. A tale proposito Ronald Dworkin afferma: «*Abbiamo distinto tra ciò che è stato cercato dalla natura, evoluzione inclusa, e ciò che noi invece facciamo di nostra iniziativa nel mondo, con l'aiuto di questi geni ... Questa distinzione traccia sempre un chiaro confine tra ciò che noi siamo e ciò che noi facciamo di quest'eredità a partire dalla nostra responsabilità. Questo confine decisivo tra caso e libera scelta rappresenta la spina dorsale della nostra morale ...Noi temiamo il giorno in cui gli uomini progetteranno altri uomini, perché tale possibilità sposterà il confine tra caso e decisione che sta alla base dei nostri criteri di valore*[32]».

Personalmente, sento in qualche maniera di condividere il timore di Dworkin, ma avverto al contempo l'inarrestabile forza contenuta nell'azione dell'uomo che affonda le mani nelle sue stesse origini. Una forza che romperà argini e confini, fertilizzerà e distruggerà producendo cambiamenti la cui entità e il cui significato non mi sento in grado di pensare, immaginare e tanto meno giudicare. Ho difficoltà a trovare una morale che si adatti all'azione che l'uomo sta compiendo nei confronti dell'origine della vita e ritengo che sia veramente critico mettere a punto una regolamentazione etica della nuova fenomenologia. C'è chi sostiene, come il filosofo francese Baudrillard: «*Questa impresa è davvero fondamentalmente amorale e non penso che qualunque comitato etico possa farci nulla. Del resto si vede bene come questi comitati siano votati a priori alla sconfitta, ma si continuerà a crearne perché bisogna salvaguardare la finzione di una morale: occorre che nonostante tutto la società si rifletta in una qualche sorta di specchio morale e filosofico perché non può dedicarsi moralmente a una impresa di quel genere, ma deve contemplare un'immagine simile a se stessa, nutrire, starei per dire, una qualche nostalgia per i valori. Ma tale sistema di valori viene spazzato via da questa impre-*

32 Cfr. Dworkin R (1999) *Die falsche Angst, Gott zu spielen*. Die Zeit 38:39; Id., *Playing God. Genes, Clones, and Luck*, in Id. *Sovereign Virtue* (2000) Harvard University Press, Cambridge (Mass.)

sa scientifica o forse parascientifica. Non posso giudicare il principio scientifico di questa storia, né la natura oggettiva delle cose, ma in termini di conseguenze è vero che soprattutto l'universo morale, filosofico, ma anche quello sociale si trovino in grande ritardo[33]».

Ora, se la cultura è figlia di un'esigenza della natura, è inevitabile che essa la influenzi. Sarebbe opportuno dunque prendere in considerazione il punto di vista di Hans Jonas: «*Alla fine, dopo essere stata tecnicamente dominata, la natura ricomprende dentro di sé l'uomo, che le si era precedentemente contrapposto come il signore della tecnica*[34]».

Siamo certamente alla conclusione di un progetto irrefrenabile collegato alla sete di sapere e all'inizio di una nuova era. Era la fine del Settecento quando Lazzaro Spallanzani fecondò artificialmente una cagnetta, mentre, in Inghilterra, John Hunter aveva fatto lo stesso addirittura su una donna. Era iniziata la manipolazione dei processi riproduttivi che il 25 luglio 1978 avrebbe visto la nascita di Louise Brown, la prima figlia in provetta, e poi nel 1997 della pecora Dolly, il primo essere vivente clonato. A chi tocchi adesso è evidente: l'uomo si appresta a ricreare l'uomo. Sarà un bene? Sarà un male? Sarà, questa creatura, migliore o peggiore del suo creatore?

Prendendo spunto da quanto detto, in un recente dialogo[35] avuto con Francesco D'Agostino ebbi occasione di chiedergli quale fosse la sua posizione relativa al cambiamento dell'ontogenesi umana. Più nello specifico, gli chiesi come si schierasse tra una bioetica difensiva e una, più strettamente filosofica, rivolta alla ricerca del bene e, in quest'ultimo caso, verso quale bene. La sua risposta fu un invito a non seguire le posizioni difensive e a suffragio di ciò citò un brano della Genesi dove è scritto che Dio consegna all'uomo il giardino affinché egli lo coltivi. Devo dire che questa risposta, probabilmente per l'autorevolezza della fonte, mi rassicurò; ciò nonostante, credo comunque che sia necessario avere grande attenzione riguardo agli strumenti usati per la sua coltivazione.

In altri termini, come ci suggerisce Engelhardt, mentre un tempo si presumeva che nella natura vi fossero fini e scopi intrinseci, sulla base dei quali si potessero giudicare obiettivamente le disfunzioni, oggi non è possibile appellarsi al disegno di un creatore o a un ambiente ideale[36].

---

[33] Cfr. Baudrillard J (2004). In: Spinapolice A (a cura di) *Non di solo corpo*. Esseditrice, Foggia, p 119.

[34] Cfr. Jonas H (1997) *Tecnica, medicina ed etica. Prassi del principio responsabilità*. Torino, Einaudi, p 125.

[35] Colloquio avuto il 9 settembre 2005 presso l'UMSA di Palermo in occasione della presentazione del libro di G. Savagnone *Metamorfosi della persona*.

[36] Savagnone G (2004) *Metamorfosi della persona*. Elledici, Torino, p 25.

[37] Cfr. Coppola F et al. (1996) *Valutazione psicometrica della personalità e della psicopatologia nelle coppie sottoposte a procreazione medico-assistita*. In: Nappi C, De Carlo C, Guida M (a cura di) *Infertilità e sterilità*. CIC Edizioni Internazionali, Roma, pp 595-598.

[38] **SCL-90:** *Symptom Check List*, questionario Hopkins Symptom Check List 90 che rappresenta una scala di valutazione generale della psicopatologia. I 90 *item* che costituiscono lo strumento fanno capo a 9 scale cliniche: somatizzazione, ossessività/compulsività, sensibilità interpersonale, depressione, ansia, rabbia/ostilità, fobia, psicoticismo e paranoia, più tre scale supplementari di validità. A tutt'oggi la SCL-90 è un test di uso comune, soprattutto negli Stati Uniti. È uno strumento sia diagnostico sia di screening, poiché accanto all'affidabilità, si caratterizza per la sua economicità (solo 15 minuti al massimo per la somministrazione).

[39] **Psicosi:** sindrome caratterizzata da un delirio più o meno sistematizzato centrato su temi di persecuzione, grandezza o gelosia. Non è accompagnata da allucinazioni né da sintomi dissociativi o di dete-

1.5 Aspetti psicologici dei pazienti e degli operatori

Un ultimo studio che vorrei qui riportare è riferito agli aspetti psicologici relativi alla coppia sottoposta a PMA[37].

Questo lavoro, utilizzando la SCL-90[38], mostra un aumento della paranoia[39], dell'ansia[40] e dell'evitamento[41] sociale come tratti di personalità presenti.

Gli stessi pazienti in studio, come si può vedere nella Tabella 6, sono stati sot-

Tabella 6. Caratteristiche psicologiche di coppie sottoposte a tecniche di PMA

	Maschi	Femmine
Ipocondria	55,6±12,7	54,5±8,3
Depressione	53,1±10,8	58,9±14,1
Isteria	54,1±9,6	54,1±8,3
Deviazione psicopatica	45,5±8,6	50,1±8,3
Mascolinità-femminilità	52,2±7,9	46,8±10,9
Paranoia	44,8±8,2	47,1±9,6
Psicoastenia	46,8±11,7	48,6±11,1
Schizofrenia	45,9±9,9	50,1±9,5
Maniacalità	46,4±7,6	45,6±10,8
Introversione sociale	42,6±11,8	45,1±12,1
F (disagio psichico)	43,5±12,6	47,5±9,1
K (difese)	54,9±8,7	52,1±7,4
L (bugie)	50,4±10,7	40,5±8,6

p=0,008
Fonte: vedi nota 37

rioramento, per cui la personalità paranoica conserva pensiero, intelligenza, volontà e vita di relazione che non presentano grossi turbamenti al di là di quelli indotti dalla tematica delirante. Il suo andamento è cronico (...). Cfr. Galimberti U, *op. cit.*, pp 776-778.

40 **Ansia:** stato che in diversa misura capita a tutti di provare, caratterizzata da tensione, timore indeterminato. L'ansia può diventare un disturbo in sé quando si stabilizza nel tempo o quando compaiono crisi ricorrenti; più spesso è un sintomo ricorrente in tutti i disturbi mentali. Cfr. *DSM IV: Manuale diagnostico della catalogazione delle malattie mentali.*
La nevrosi d'ansia è un quadro psicopatologico di base che può recedere spontaneamente o evolvere in quadri più strutturati come la nevrosi fobica, l'ipocondria, la depressione, o arricchirsi di disturbi psicosomatici. Alla base si riscontra una debolezza dei meccanismi di difesa che non riescono a contenere l'ansia che si manifesta in uno stato permanente di inquietudine. Cfr. Galimberti U, *op. cit.*, p 62.

41 **Evitamento**: l'evitamento connota un comportamento avversivo attivato dalla comparsa di un evento negativo (...). L'evitamento, se riferito a conseguenze spiacevoli o dannose, ha un grande valore adattativo, anche se pone il problema di come un non evento possa rafforzare un condizionamento. La prima risposta è quella che collega l'evitamento all'aspettativa che l'evento spiacevole accada; la seconda ritiene che la risposta di evitamento si rinforza perché riduce lo stato di paura associata allo stimolo che segnala l'accadere dell'evento avverso. Cfr. Galimberti U, *op. cit.*, pp 114-115.

toposti alla somministrazione del MMPI[42].

Gli esiti del test evidenziano un aumento dell'ipocondria[43], dell'isteria[44] e della depressione[45] tanto nei maschi quanto nelle femmine, mentre appaiono maggiormente rappresentati nei maschi gli aspetti difensivi e quindi evitanti.

Alcune indagini hanno evidenziato che le donne e gli uomini non reagiscono allo stesso modo alla notizia dell'infertilità. Le donne infertili mostrano livelli più elevati di ansia, depressione e perdita di autostima[46].

Secondo Pines[47], il vissuto di perdita della fertilità è maggiore per le donne perché l'identità di genere femminile è impregnata del concetto di maternità, che prevede la capacità di generare. Non bisogna inoltre dimenticare che, a prescindere dal fatto che il portatore dell'infertilità sia il maschio, la femmina o entrambi, è la donna a subire fisicamente le procedure terapeutiche. C'è di più. Uno studio dell'Harvard Medical School mostrava un alto indice di depressione in donne infertili; 174 di queste furono sottoposte a psicoterapia, al termine della quale il 50% ebbe una gravidanza spontanea. Questo dato non è "stregonesco" se si considera che il 20% delle coppie è infertile e che, di queste, un sesto ha un problema di sterilità inspiegata[48]. È noto, per esempio, l'effetto soppressivo dello stress sulla funzionalità gonadica[49]; basti pensare all'amenorrea ipotalamica[50], altrimenti denominata amenorrea[51] da stress. Secondo alcuni Autori (Frasoldati et al.[52], Levine et al.[53]), e anche secondo la mia esperienza clinica, lo stress produce un'iperattivazione del sistema catecolaminergico e ipofiso-surrenale capace di ridurre la produzione delle gonadotropine e così di influenzare nella donna l'ovulazione, il trasporto dell'ovocita e il suo impianto, e nell'uomo la spermatogenesi. Tutto ciò può apparire strano soltanto a coloro che ancora pensano che l'Uno, che rende l'essere umano individuo, sia costituito da due entità separate: il corpo, materia certa e palpabile, e la psiche, *quid* invisibile e quindi sospettosamente incerto.

---

42 **MMPI**: *Minnesota Multiphasic Personality Inventory*, test obiettivo elaborato allo scopo di individuare i tratti patologici della personalità mediante il confronto tra le risposte del soggetto in esame e quelle di altri pazienti affetti da diversi disturbi mentali. Comprende 500 domande a cui il soggetto deve rispondere "vero", "falso", "non so". Queste risposte vengono utilizzate per ottenere 4 scale di validità. La combinazione dei 4 punteggi fornisce il profilo della personalità. Cfr. Galimberti U, *op. cit.*, p 587.

43 **Ipocondria**: una preoccupazione immotivata per le proprie condizioni di salute, accompagnata da disturbi fisici e stati di angoscia e depressione. Nel soggetto si verifica un ritiro della libido dal mondo esterno con conseguente concentrazione della stessa su di sé e sull'organo interessato. Se invece l'ipocondria è latente, si produce una formazione reattiva che si esprime nell'assoluta noncuranza per il proprio corpo e per la propria salute. Cfr. Galimberti U, *op. cit.*, p 520.

44 **Isteria**: definita come la finzione inconsapevole e involontaria di un disturbo, sia del corpo sia della mente (paralisi, amnesie, cecità ecc.). Senza rendersene conto, la persona imita ed esibisce a sé e agli altri un disturbo che realmente non ha, ma che è convinta di avere. Così facendo, spera inconsciamente di attirare l'attenzione su di sé. Cfr. *DSM IV: Manuale diagnostico della catalogazione delle malattie mentali.*

45 **Depressione**: stato di disperazione triste e cupa, senso d'impotenza, bisogno di piangere sentito come "esigenza"; il *thanatos* (istinto di morte) tende a prevalere sull'*eros* (istinto di vita). La depressione assume diverse e svariate forme. Cfr. *DSM IV: Manuale diagnostico della catalogazione delle malattie mentali.* Quando l'intensità della depressione supera certi limiti o si presenta in circostanze che non la giustificano, diventa di competenza psichiatrica, dove si distingue una depressione endogena che, come vuole l'aggettivo, nasce dal di dentro senza rinviare a cause esterne, e una depressione reattiva che è patologica quando la reazione ad avvenimenti luttuosi o tristi appare eccessiva. Cfr. Galimberti U, *op. cit.*, pp 267-271.

46 Cfr. Micheroux A et al. (1996) *Profilo psicoemotivo e modalità di adattamento allo stress in coppie infertili sottoposte a inseminazione eterologa.* In: Nappi C, Di Carlo C, Guida M, *op. cit.*, pp 599-601.

47 Cfr. Pines M (1988) *Bion e la psicoterapia di gruppo.* Borla, Roma, pp 94-111.

Questa metavisione di considerazioni e tabelle ci fa immediatamente comprendere che nessun attore, che ruoti intorno a un argomento così delicato, possa ritenersi avulso da difficoltà di gestione e da forti dinamiche psicologiche interne. Ciò che tocca il paziente non può essere definito, così come è stato fatto dai giuristi italiani, un semplice "disagio"; così come il ruolo professionale dell'esperto, che seriamente affronta il suo lavoro, non basta a tenere fuori dal gioco il medico/uomo che, come si è visto, non può fare a meno di rimanere coinvolto emotivamente, fino a operare scelte non sempre e non del tutto razionali.

La reazione di malessere più evidente nella classe medica è il *burn-out*. Se ci si rende conto di avvertire uno sforzo continuo relativo all'impegno lavorativo quotidiano, potrebbe essere il segno che ci si sta dirigendo verso il *burn-out*, termine comunemente impiegato per caratterizzare una notevole perdita di energia mentale e fisica. Se questo fenomeno viene ignorato o negato, le conseguenze possono essere gravi non soltanto per se stessi, ma per le relazioni con i familiari, con i colleghi e i pazienti. Come suggerisce Thomas J. Weida, «*Se non si riterrà più il lavoro un divertimento ciò dovrebbe essere considerato una bandierina rossa*».

I sintomi del *burn-out* sono vari; tra i più frequenti si riscontra la modificazione del tono dell'umore: la gente si arrabbia, "scoppia" o "ringhia" a chiunque ne attraversi il percorso, compresi gli altri medici. Vi è una certa tendenza a incolpare fattori esterni di qualsiasi disturbo, grande o piccolo che sia. È quello che spesso constatiamo nei nostri reparti e il più colpito è di solito il professionista migliore, quello che ha dato di più, che ha le maggiori competenze professionali, che si trova all'apice della carriera. Altri si trasformano in soggetti silenziosi, introversi, e si isolano, atteggiamento che può indicare l'inizio di una depressione seria. Alcuni manifestano i primi segni del *burn-out* mangiando troppo o abusando di alcool o di altre sostanze psicotrope. Ancora altri possono avvertire una gamma di

---

[48] **Infertilità inspiegata o *sine causa***: infertilità per la quale non è stata riscontrata alcuna causa dopo un esame completo di entrambi i partner. Molte cause di infertilità inspiegata sono probabilmente il risultato di gradi minori di danno dell'ovulazione, della funzione spermatica o dello sviluppo endometriale per i quali non esistono al momento attuale esami adeguati. Il trattamento dell'infertilità inspiegata comprende tentativi di migliorare la qualità dell'ovulazione con 3-4 cicli di clomifene citrato, stimolazione ovarica con gonadotropine, seguite da inseminazione intrauterina o l'uso della FIVET. Uno dei vantaggi del trattamento con la FIVET consiste nel fatto che si ha l'opportunità di determinare se la fertilizzazione si verifica o meno in una particolare coppia. Cfr. Reiss H et al., *op. cit.*, p 69.
In linea con la nostra esperienza, numerosi lavori sull'infertilità *sine causa* mostrano che il 50% delle infertilità inspiegate ottiene una gravidanza entro un anno di percorso psicoterapico. Cfr. Agnello G (2004) *Relationship between doctor and patient in ART failure management*. In: Atti del II WARM (World Association of Reproductive Medicine) World Congress. Roma, 6-9 maggio 2004, www.irpace.org.

[49] **Gonadi**: testicoli e ovaie, dove sono formati, rispettivamente, i gameti maschili (spermatozoi) e quelli femminili (ovociti). Cfr. Reiss H et al., *op. cit.*, p 58.

[50] **Ipotalamo**: parte del prosencefalo che, attraverso il rilascio del GnRH, regola la secrezione ipofisaria di FSH ed LH, che a loro volta agiscono sulle ovaie per controllare i cicli ovarico e mestruale e sui testicoli per promuovere la secrezione di androgeni e la spermatogenesi. Cfr. Reiss H et al., *op. cit.*, p 76.

[51] **Amenorrea**: assenza del flusso mestruale. Può essere primitiva, quando la mestruazione non è mai comparsa, o secondaria, quando la mestruazione non si verifica per più di tre mesi in una donna che ha avuto un normale menarca. L'amenorrea è normale prima del menarca, durante la gravidanza o l'allattamento e dopo la menopausa. Cfr. Reiss H et al., *op. cit.*, pp 4-5.

[52] Cfr. Frasoldati A et al. (1992) *Neuroendocrinologia, stress e comportamento sessuale*. Rivista di Scienze Sessuologiche 5(2)95-102.

[53] Crf. Levine S et al. (1989) *Psychoneuroendocrinology of stress: a psychobiological perspective*. In: Brush FR, Levine S (a cura di) *Psychoendocrinology*. Academic Press, San Diego-London, pp 341-377.

sintomi fisici e spesso si assiste al subentrare di malattie croniche come l'ipertensione e le emicranie.

Due, quindi, sono le categorie alle quali è rivolto questo lavoro e il protocollo d'azione che ne è derivato: il paziente, coinvolto in questo progetto fin dalla fase concettuale ma fisicamente presente solo in quella applicativa, e le figure dell'équipe medico/bio/psicologica, studiate in azione nella fase teorica e coinvolte personalmente in quella formativa, sperimentale ed esecutiva.

2. Le basi culturali del progetto SAHARAI

2.1 Il fallimento nei numeri e le tentate soluzioni

I momenti critici, nonché le percentuali di fallimento delle tecniche di PMA, sono materiale ben conosciuto dagli operatori del settore e, anzi, sono avvertiti con tale urgenza da aver stimolato nel tempo diversi tentativi di soluzione.

Le risorse attivate si potrebbero raggruppare in quattro categorie, non sempre consapevoli e non sempre funzionali: tecniche, legislative, umane, comportamentali. In questa sede si darà conto solamente di alcuni degli sforzi tecnologici compiuti, fino a oggi, per abbattere l'insuccesso medio del 70% delle tecniche di fecondazione assistita.

I biologi, per proteggere la qualità dei prodotti biologici negli anni, hanno sperimentato co-colture[54], per esempio quelle a base di rene di scimmia, e utilizzato terreni di crescita sofisticati per far vivere al meglio e più a lungo gli embrioni.

L'idea, invero, non è del tutto originale essendo il sogno della creazione artificiale dell'uomo coltivato anche dagli alchimisti che, avendo meno pretese, lo vollero di dimensioni ridotte, e per questo lo chiamarono *homunculus*. A definire la ricetta più completa per creare l'*homunculus* fu il medico eretico Paracelso, che suggeriva di collocare un alambicco con sperma umano in ventre di cavallo (espressione alchemica che designa un terreno di fermentazione a base di sterco di cavallo) e di lasciarlo a imputridire per 40 giorni. Ne sarebbe nato qualcosa di vagamente somigliante a un essere umano, ma trasparente e senza forma, che, nutrito con gli arcani del sangue umano, sarebbe diventato un vero bambino. Mitologia a parte, i biologi hanno posto grande attenzione nel mantenere l'igiene dei laboratori senza utilizzare disinfettanti dannosi, hanno esteso l'impiego degli ultravioletti all'intero laboratorio per non nuocere alle colture, hanno usato prudenza nel separare gli incubatori dei mezzi di coltura da quelli degli embrioni, si sono avvalsi di mezzi di sicurezza per l'erogazione del CO_2, hanno scelto incubatori singoli o a celle singole, hanno incrementato l'uso della ICSI al fine di assicurarsi il più alto numero di embrioni e, ancora, fanno continui aggiustamenti.

Altrettanto si è mossa la ricerca farmacologia nel rendere disponibili ormoni altamente purificati allo scopo di ottenere la migliore qualità ovocitaria dalla stimolazione. Anche i ginecologi hanno lavorato al meglio organizzando le stimola-

---

54 **Co-coltura:** coltura di due o più tipi cellulari nello stesso recipiente, talvolta usata per sostenere la crescita di embrioni umani *in vitro*. Questo termine solitamente indica la coltura di embrioni su uno strato di altre cellule (uno strato alimentatore) come le cellule endometriali, tubariche o fibroblasti. Cfr. Reiss H et al., *op. cit.*, p 22.

zioni in serie, utilizzando ecografi, aghi e aspiratori d'avanguardia per il *pick-up* ovocitario[55], cateteri sofisticati per il transfer e recentemente anche collanti per aumentare la percentuale di adesione dell'embrione alla mucosa endometriale.

Tutti questi sforzi, purtroppo, hanno modificato solo di pochi punti la percentuale di successo delle tecniche applicate e aperto un'enorme questione sui principi della casualità e della selezione naturale della *specie* che la ICSI, per sua natura, nega. Le azioni mediche, infatti, sono in grado di incidere profondamente sulla realtà biologica di chi se ne avvale e specialmente del bambino, la cui vita, verosimilmente, potrà subire conseguenze non marginali legate alle modalità di fecondazione, così come messo in luce da Carlo Flamigni[56]: «*Si è supposto che la microiniezione arbitrariamente selezionata da uomini con pessima qualità spermatica possa aumentare il rischio d'incidenza di embrioni cromosomicamente anormali. Inoltre, anomalie cromosomiche potrebbero essere dovute al danneggiamento traumatico del fuso meiotico dell'ovocita. Altri fattori come la fertilizzazione con seme geneticamente anormale o la fertilizzazione di ovociti anormali potrebbero portare a un aumento di mal-conformazioni o ad altri problemi congeniti che potrebbero essere riconosciuti solo molto avanti nella vita del concepito o trasmettergli la condizione di sterilità*[57]».

Dal punto di vista giuridico la strategia impiegata è stata quella del consenso informato che, come già visto nelle interruzioni volontarie di gravidanza, non ha risposto al criterio stesso per il quale era stato generato, ossia di emettere informazioni corrette e finalizzate, tali da contribuire a una civile maturazione della percezione e alla realizzazione dei diritti della persona. Questo fallimento, che spesso non difende la categoria degli operatori neanche in sede giuridica, non è dovuto alla scarsa cura dei contenuti, che anzi vengono redatti con attenzione al limite della paranoia, ma dalla capacità relazionale della persona che li illustra e dal modo con cui essi vengono comunicati. Fornire ai pazienti sufficienti notizie su ogni aspetto biologico, e in modo particolare genetico, psicologico, bioetico e giuridico, del percorso da intraprendere, nonché sulle ragionevoli possibilità di successo, sui rischi di danni alla salute fisica e psichica della donna e del nascituro e sul destino della coppia, con una sola competenza professionale e nel breve tempo usualmente dedicato a tale scopo, è infatti impresa davvero difficile.

Alcuni Centri, più sensibili agli effetti del fallimento in PMA, hanno integrato nelle loro équipe risorse umane, introducendo la figura dello psicologo ma questo, a oggi, è una realtà solo per pochi in Italia, benché già dal giugno 2002 nelle "Linee guida sul trattamento dell'infertilità di coppia" del Royal College of Obstetricians and Gynecologists se ne ravvisasse chiaramente la necessità.

Un'altra "tentata soluzione" spesso messa in atto dai medici per difendersi dal

---

[55] **Pick-up ovocitario**: prelievo ovocitario che consiste nell'aspirazione degli ovociti prima dell'ovulazione, per utilizzarli nella FIV o nella GIFT. In passato, nella FIV il prelievo era eseguito per aspirazione laparoscopica dei follicoli; attualmente viene usata la via transvaginale ecoguidata. Possono essere usate una sedazione, un'anestesia locale o una blanda anestesia generale. Il prelievo viene eseguito circa 34 ore dopo il picco dell'LH nei cicli spontanei o dopo la somministrazione di hCG nei cicli stimolati. Cfr. Reiss H et al., *op. cit.*, p 108.

[56] Cfr. Flamigni C (1998) *Il libro della procreazione*. Mondadori, Milano, pp 325-453.

[57] Ivi, p 347.

fallimento, e quindi distanziarsi dalla rabbia, aggressività, tristezza e depressione dei pazienti delusi, è il *burn-out*, un devastante meccanismo che, come abbiamo visto, determina nel professionista l'allontanamento affettivo dal lavoro, dai pazienti, dai familiari e spesso da se stesso.

Come si può notare, la risposta cui ricorrono maggiormente gli operatori per arginare il fallimento, tranne la rara presenza degli psicologi, è egosintonica, centrata cioè su se stessi. La posizione difensiva, istintivamente utilizzata dal medico, non gli permette infatti di concepire soluzioni diverse, trovandosi troppo invischiato nella difficile e conflittuale relazione con il suo cliente.

2.2 Le soluzioni proposte da SAHARAI

È opportuno ricordare, a questo punto, che il vissuto di fallimento, seppure in misura diversa, coinvolge tanto i pazienti quanto gli operatori e che quindi l'intervento di aiuto, per essere efficace, va rivolto in entrambe le direzioni.

Il nostro studio parte dalle stesse esigenze che hanno stimolato le tentate soluzioni già viste, analizza le istanze, i contesti e le dinamiche di tutti gli attori del processo, utilizza le stesse categorie d'intervento, fa tesoro dei tentativi già fatti, ma adopera strumenti diversi centrati sulla relazione medico-paziente. L'intento del nostro protocollo SAHARAI è di creare un dialogo paritario tra gli esperti e i pazienti salvaguardando il valore di tutti i ruoli, professionali e non. La dimensione tecnica del nostro intervento si avvale di due strumenti: il test/questionario e il sistema di nurse-ring.

Il test/questionario è uno strumento riflessivo e diagnostico da somministrare al primo colloquio e che il paziente deve restituire insieme agli esiti degli altri esami clinico-diagnostici.

Il nurse-ring è un sistema tecnico-operativo, attivato contemporaneamente alla fase strumentale della fecondazione in vitro, che da solo possiede una propria autonomia di prevenzione e terapia.

Il protocollo, come tutti quelli che si riferiscono al modello americano, contempla il consenso informato, strumento previsto dalla legge e giuridicamente insostituibile. La sua utilizzazione, affidata al medico e allo psicologo, viene da noi trattata alla stessa stregua di un contratto, esplicitato e discusso tra le parti appena prima dell'inizio dell'iter terapeutico. A tale proposito è consigliabile lasciare nel documento da sottoscrivere uno spazio libero in cui aggiungere le opzioni e le direttive sulle tecniche di fecondazione da adottare in rispetto delle possibilità biologiche, etiche e normative.

Per quanto riguarda le risorse umane, oltre a quelle istituzionali il nostro modello d'intervento prevede la presenza obbligatoria dello psicologo formato per un doppio ruolo. Per essere efficace questo professionista dovrà acquisire competenze sulle relazioni umane, proprie della sua formazione, conoscenza delle tecniche, dei contesti e delle modalità che appartengono allo scenario dell'infertilità, preparazione su dinamiche di gruppo e psicologia del lavoro. La sua posizione, rispetto al Centro di PMA, sarà, da un lato, quella di informatore, sostegno e terapeuta per i pazienti, dall'altro lato quella di consulente riflessivo, una sorta di figura *extra partes* capace di analizzare ciò che avviene nel contesto lavorativo osservato, di meta-analizzarlo e di effettuare gli interventi richiesti dalle esigenze.

Con l'impiego continuato del protocollo, soprattutto sviluppando la riflessività con l'esercizio, questo secondo ruolo di consulente riflessivo o di processo può essere acquisito anche dai medici e dai biologi sensibili a questo tipo di approccio e una tale esperienza, guadagnata sul campo, potrà essere spesa in tutti i contesti e relazioni.

Tuttavia, quando a questo consulente verrà richiesto di intervenire sulla funzionalità dell'azienda a cui egli stesso appartiene, si solleveranno non poche questioni. È infatti praticamente impossibile mantenere una visione critica, e quindi esterna, di ciò che sta accadendo in un contesto lavorativo in cui chi dovrebbe osservare è parte della dinamica in cui egli stesso agisce. Sarebbe come essere contemporaneamente attore e critico cinematografico di una stessa opera.

L'approccio comportamentale che coltiviamo nel nostro "modello" è quello comune a tutte le consulenze: l'empatia. Per consulenza intendiamo la relazione di aiuto che si attua in un arco di tempo limitato, il cui obiettivo è di aiutare l'utente a fare maggior chiarezza dentro di sé, ad analizzare la domanda portata in un'ottica di ridefinizione. Per empatia intendiamo quel sentimento traducibile con "vestire i panni dell'altro".

Il modo di applicare il protocollo consiste nel conoscerne i contenuti, gli strumenti e le linee guida; il modo di apprenderlo è esperirlo continuamente sul campo. In tal senso, proprio perché l'apprendimento è di tipo esemplificativo, si avvale cioè dell'esperienza clinica, non si può parlare di modello, termine che fa pensare a un qualcosa di stigmatizzato cui riferirsi, ma di sistema cognitivo instabile che ha il potere di intervenire e di modificare continuamente le parti rigide, come il test/questionario, il nurse-ring e le stesse linee guida.

Lo sforzo di questo professionista, in autoformazione permanente, va contenuto e sostenuto periodicamente da una figura ancora più esterna alle agenzie: il supervisore. Questa figura, propria delle professioni difficilmente monitorabili, è presa in prestito da contesti culturali quali la psicoterapia e la psicoanalisi.

L'approccio sistemico e batesoniano da noi scelto come base epistemologica muove dall'assunto che qualunque fenomeno si verifichi è non identificabile, se non all'interno di un sistema su cui si riflette. Gli stessi stimoli sensoriali non sarebbero individuabili, separabili l'uno dall'altro, senza l'intervento del sistema nervoso centrale che li riconosce e coordina.

Le stesse emozioni non si differenzierebbero l'una dall'altra senza un'esperienza cognitiva a cui legarle. Scrive Fritjof Capra: «*La visione sistemica percepisce l'organismo umano come un sistema dinamico implicante aspetti fisiologici e psicologici interdipendenti; essa vede l'uomo inserito in sistemi maggiori, interagenti, di dimensioni fisiche, sociali, culturali*[58]».

Questo, e non solo, è il motivo che ha suggerito a IRPACE di battezzare il proprio protocollo inedito d'intervento con il nome di SAHARAI: Systemic Approach in Human Reproduction And Infertility, approccio sistemico alla riproduzione e all'infertilità umane.

---

58 Cfr. Capra F (1989) *Il Tao della fisica*. Adelphi, Milano, p 132.

Il nostro approccio è sistemico nel considerare l'essere umano affetto da sterilità un sistema complesso. È sistemico, dal nostro punto di vista, perché richiede l'integrazione di competenze nell'ambito di cornici relazionali, comportamentali e intrapsichiche. È sistemico, infine, perché ci auguriamo di considerare sistema unico quello mente/corpo e sistema unico il medico, il biologo, lo psicologo, il fisico, il genetista e quanti altri, interessati all'area ecologico-antropologica, siano disposti ad abbandonare una visione parcellare a favore di una più complessa e globale.

Ci proponiamo, infatti, di lavorare in termini sistemici almeno su due piani: la relazione tra i saperi e quella tra il medico e il paziente Quindi, quello che ci proponiamo è di riflettere sull'esperienza a partire da diversi approcci disciplinari. Il fatto che professionisti con larga esperienza abbiano scelto di partecipare ai nostri corsi e che sia pubblicato un testo di questo tipo segnala già, evidentemente, una domanda in questo senso.

Il tentativo, dunque, è quello di lavorare su uno schema di interdisciplinarietà, alla luce della parola "sistemico", sorta di parola magica che abbiamo più volte incontrato all'interno delle nostre discipline. Questa parola contrassegna uno spartiacque nelle scienze umane, sociali ma non solo, un crinale segnato dal concetto di sistema che risale, nella sua formulazione più matura, agli inizi degli anni Cinquanta. È stato un antropologo a proporsi di utilizzare il concetto di sistema come metafora per indicare un ambito multidisciplinare. Oggi si parla di sistema anche in termini piuttosto generici; tuttavia il significato della parola segnala fin da subito un'esigenza di coordinamento tra parti, attraverso una messa in relazione produttiva e dinamica. Probabilmente questo concetto è stato mutuato dall'organismo umano, a partire da un approccio organicistico che proponeva, anche se in termini più meccanicistici, la metafora del sistema che abbiamo descritto.

Nonostante alcune scienze, come la psicologia, siano state considerate agli inizi del secolo scorso scienze deboli, esse intervengono proprio per mettere in relazione tra loro parti diverse. Quindi noi ci affidiamo a questo concetto nell'ottica di promuovere la messa in relazione tra saperi e tra esperienze. Anche quello che percorreremo in questo testo è una sorta di sistema, seguendo un percorso che crea una circolarità che coinvolge la relazione medico-paziente. Il concetto di sistema, del resto, è molto interessante perché ci porta nella nostra contemporaneità, poiché è davvero difficile limitarci alla nostra esperienza escludendola da quella degli altri con cui interagiamo.

Un sistema che non è protetto, curato, rischia però di perire, di degenerare. Nel nostro caso, il sistema di relazioni e di combinazioni tra saperi necessita di essere protetto. Pur avendo una sua propria organizzazione, il sistema richiede infatti l'apporto degli attori, intenzionalità, volontà e valori da sostenere. L'esigenza che mi sembra di aver colto dalle numerose belle discussioni fatte con tutti coloro che hanno contribuito all'attuazione del modello è stata quella di creare attorno alla relazione medico-paziente, bisognosa per l'appunto di tanti apporti disciplinari, SAHARAI quale sistema di protezione.

Proprio perché utilizza la mente che connette, così come definita da Gregory Bateson, il nostro orientamento non si è potuto fermare a una sola cornice e, nello strutturare il protocollo che stiamo qui presentando, ha sentito la necessità di cogliere i suggerimenti offerti dalla sessuologia, in particolare da Helen Kaplan, dalla sociologia di Michel Foucault e Antony Giddens, dal costruzionismo interazionista di Milton Erickson, dall'etica di Jürgen Habermas, dalle "Lezioni di consulenza" di Edgar H. Schein.

Le nostre fonti hanno poi attinto a simboli, alcuni dei quali noti e pertanto scelti, e altri che, come vedremo, solo in seguito hanno svelato significati a noi fino a quel momento estranei.

È stato il caso del nome SAHARAI che, oltre a rispondere all'acronimo, è stato scelto per la progettualità contenuta nel suo suono, nel futuro del verbo essere di cui già i gameti risultano simbolicamente pregni. Un altro motivo alla base di questa scelta fu che evocava un episodio della Genesi, in particolare quello di Sarai moglie di Abramo che, abbandonatasi nella vecchiaia alla certezza della propria infertilità, con una risata beffarda deride Dio e della proposta di renderla fertile[59].

Nel silenzio della tenda mai abitata da bambini si avvicinano tre stranieri, che chiedono ospitalità ad Abramo ed esprimono la loro promessa; Ismaele era già nato e uno di loro dice: «*Tornerò da te fra un anno a questa data e allora Sara, tua moglie, avrà un figlio*». Sarai ascolta dietro la tenda e si chiede come potrà avere piacere a generare un figlio, essendo così avvizzita.

Per quanto incredula, il sogno di realizzare la propria femminilità diventa una dolce realtà. In ciò che era irrealizzabile ella coglie l'opportunità di raggirare il destino e di custodire nel proprio grembo la reale speranza di sognare un futuro per quel "sarai" che custodisce in sé, e così si cinge del nome di Sara, in ebraico "principessa", dunque sovrana di un destino che ella stessa ha capovolto beffando la natura.

Questo era ciò che sapevo quando ho affidato a una delle persone chiave[60] dell'équipe di IRPACE la parte introduttiva del seminario. Vorrei qui raccontare la scoperta che abbiamo fatto, per condividerla con i lettori. A un certo punto lei ebbe l'immediata percezione che questo evento narrato nella Genesi avesse a che fare con il nostro progetto, se non altro per le emozioni e le suggestioni che attivava. Lo raccontò con le sue parole: «Ho avuto la possibilità di discutere presso la mia Università con uno studioso di ebraismo a proposito del cambio di nome. Quand'è che si cambia nome? Per esempio, nelle conversioni religiose, nel momento in cui la persona entra nella nuova religione cambia nome, di modo che il nome passato è quello che è stato assegnato da altri, mentre il nuovo è quello dell'appartenenza: è il "proprio" nome. Avevo la sensazione che questo momento, del cambiare nome, significasse qualcosa di importante, e sono andata un po' a cercare di scoprirlo. Ho fatto, così, due scoperte, che mi sembrano davvero molto interessanti dal nostro punto di vista. La persona con cui ho parlato, utilizzando l'ebraico, mi ha illustrato graficamente che cosa è accaduto nei nomi di Abramo

---

[59] Cfr. *La Bibbia. Genesi 18,12-15*. Traduzione del testo CEI. Note della Bibbia di Gerusalemme. Concordanza Pastorale EDB. HMC.

[60] Assunta Viteritti è docente di Sociologia dell'educazione e dei processi di socializzazione presso la Facoltà di Sociologia dell'Università degli Studi di Roma "La Sapienza".

e Sarai al momento in cui viene loro annunciata la prossima genitorialità. Nel cambio del nome le due parole perdono una vocale e ne acquistano un'altra, entrambe perdono una *iod* e prendono una "e". La cosa interessante è che nella Cabala la *iod* è maschile, mentre la *e* è femminile. Quindi entrambi i nomi di Sara e Abramo lasciano il maschile e prendono la *e* della femminilità. Il padre e la madre di un figlio rappresentano un destino che si compie attraverso l'acquisizione di una lettera femminile. Un'altra cosa interessante è che nella Cabala numerica la *iod* equivale a 1, la *e* a 2. Quindi questo significa che i due nomi perdono la singolarità e acquistano la dualità. Ne voglio parlare con te; mi sembra davvero molto bello poter svelare ciò che noi non sapevamo quando è stato scelto il nome, ma il nome stesso è diventato poi il senso più profondo alla base di questo percorso. Riporto un piccolo passaggio che parla del nome: "*Quanto a Sarai, tua moglie, non la chiamerai più Sarai, ma Sara. Io la benedirò e anche da lei ti darò un figlio*". La frase "*Anche da lei ti darò un figlio*" apre tutta un'altra questione interessante che, in sintesi, ha a che vedere con il fatto che Agar, la schiava, dà un figlio ad Abramo e quando da questa gravidanza nasce Ismaele ciò crea in Sara un profondo conflitto, quindi lei chiede ad Abramo di cacciare Agar e Ismaele e così accade. Il Signore però dice ad Agar: "*Non ti preoccupare perché anche su Ismaele io ho il mio progetto*". Ismaele è, infatti, il progenitore di Maometto e Isacco è il progenitore di Gesù di Nazareth.

Il Vecchio Testamento ci presentava così due scenari, quello della fecondazione "assistita", rappresentato dagli stranieri che rendono possibile la gravidanza di Sara, e quello dell'eterologa, che si concretizza quando Sara chiama in aiuto la schiava Agar così come aveva fatto Rachele, moglie di Giacobbe, con la sua serva Bilha, dalla quale erano nati due maschi».

Insomma, la sola scelta del nome dato al nostro protocollo è stata in sé affascinante, così come l'immagine della nostra home page, un quadro che ritrae Watson assorto a guardare con area perplessa la sua scoperta, il DNA[61], è stata per noi una scelta suggestiva. Alcuni affermano che questa scoperta abbia segnato in un certo senso il passaggio alla società industriale e post-industriale, lì dove inizia il mondo con cui ci confrontiamo oggi, quello della post-modernità, che è qualcosa di diverso dal mondo di cinquant'anni fa. Alcuni ritengono che questa sia una fase importante, che segna ancora una volta una sorta di spartiacque tra il modo di concepire il rapporto tra la scienza e l'esperienza umana. Il contributo di Watson, infatti, ha introdotto un cambiamento nella visione del mondo: esso ha aperto infatti una prospettiva inedita sull'ontogenesi dell'uomo fino ad allora assolutamente negata.

---

61 James Watson e Francis Crick, rispettivamente ex fisico ed ex studente di ornitologia, furono i primi a svelare il segreto della vita. Essi costruirono il loro modello del DNA (acido desossiribonucleico) basandosi sui dati già disponibili di Wilkins, Franklin e Chargaff. Mettendo insieme tutti i dati conosciuti, nel 1953 Watson e Crick furono in grado di dedurre che il DNA ha una struttura simile a una scala a pioli, avvolta su se stessa a doppia elica molto lunga e spiralizzata. I due montanti della scala sono formati da molecole alternate del monosaccaride pentoso e difosfato; i pioli, perpendicolari ai montanti, sono costituiti dall'appaiamento delle basi azotate tra loro complementari: adenina (A) e timina (T), guanina (G) e citosina (C). All'interno della doppia elica i due filamenti corrono in senso opposto, cioè il verso di ogni filamento è invertito rispetto all'altro. I filamenti vengono perciò definiti antiparalleli. Cfr. http://utenti.lycos.it/biotecnologie_4as/moleco/watson htm.

L'infertilità, proprio perché espone una grande ferita sociale, costituisce una piattaforma di ricerca che sempre di più ci avvicina allo studio della matrice umana, alla quale sentiamo di accostarci con la stesso timore riflessivo della raffigurazione[62] di Watson di fronte alla sua scoperta.

[62] Raffigurazione presente nella home page di www.irpace.org.

3. La forza della domanda di aiuto

3.1 Il paziente e i suoi vissuti personali

Chi è questo paziente che si siede davanti alla nostra scrivania senza presentare quasi mai un malessere oggettivo, obiettivabile come la tosse o una dermatite?

Questo soggetto apparentemente sano, prima di arrivare dal medico, ha dovuto riconoscere, o quantomeno sospettare, l'esistenza di un problema, di cui egli stesso non conosce la portata, che ostacola il suo progetto procreativo. Chiunque si occupi di questo settore ha esperienza di come coloro che si rivolgono a questo specifico tipo di consulenza siano i soggetti più ansiosi, persone sposate magari da soli tre mesi e già deluse del fatto che il solo atto istituzionale del matrimonio non abbia dato ancora "i suoi frutti"; o altri che, invece, indossando le maschere inespressive di chi non ha più speranze, depositano sul tavolo buste più o meno eleganti, straripanti di referti, nuovi o usurati dal tempo, di diagnosi, di tentativi terapeutici e di vita.

Quando, per rendere comprensibile il vissuto dei pazienti che non riescono a procreare, ho confrontato per la prima volta, in maniera provocatoria, il paziente infertile con quello oncologico, il paragone parve eccessivo. In seguito, sia l'esperienza frontale con i pazienti, sia il materiale spontaneamente prodotto dagli operatori del settore durante i seminari hanno avvalorato l'idea che le due patologie[63] presentano diverse similitudini e quasi identica drammaticità. Sono proprio le patologie in cui il medico e il paziente non "guariscono" a rendere la relazione carica di emotività e poco gestibile. Da ciò nascono nuove esigenze.

Nelle patologie dove il fallimento è alto, le risorse cognitive escono frustrate dalle basse percentuali di riuscita che connotano le tecniche utilizzate e questo vale tanto per la fecondazione assistita quanto per l'oncologia o per la cura delle malattie degenerative. In ognuno di questi casi vi è un accanimento su due fronti: quello del medico e quello del paziente. Entrambi sono orientati al conseguimento di un obiettivo statisticamente difficile da raggiungere ma legittimo dal punto di vista umano e psicologico: la reintegrazione attraverso la guarigione.

Tra i loro vissuti, però, vi è una notevole differenza. Per il medico la sconfitta, almeno inizialmente, mina solo le basi della sua identità professionale anche se nel tempo, specie quando questa si confonde con l'identità individuale, si verificano ripercussioni su tutti gli ambiti personali e non solo su quelli lavorativi. Nel

---

63 In questa accezione, utilizzerò il termine "patologia" anche nel caso dell'infertilità, e non solo in quello della malattia oncologica, nell'intento di sottendere le malattie di carattere psichiatrico (ansia, depressione ecc.) consequenziali allo stato di infertilità, che la legislazione italiana giudica invece un disagio della persona. Cfr. Agnello G, *art. cit.*

paziente, invece, la consapevolezza o il sospetto della mancata realizzazione del proprio futuro genitoriale esigono immediatamente il confronto con l'identità individuale, sociale e di genere; il fallimento, infatti, spesso mette in discussione il suo intero essere.

Disagio sociale e relazionale, frattura dell'integrità, impotenza, frustrazione, urgenza di guarigione sono il carico che sia il paziente infertile sia quello oncologico portano dentro lo studio medico. Si distinguono in quanto il paziente oncologico, a differenza dall'altro, presenta quasi sempre un sintomo o una sofferenza fisica, cosa che rende di per sé, ovviamente, più drammatica ed evidente la richiesta di aiuto. Generalizzando, potremmo ancora dire che entrambi lottano per la vita, uno per la propria e l'altro per quella della specie alla quale appartiene (Fig. 1).

Nell'ordine, la prima cosa avvertita dal paziente è la frattura dell'integrità. La maggior parte di noi, pur possedendo la consapevolezza dell'esistenza, della nascita, della malattia e della morte, non riflette sull'entità di queste realtà fino a quando l'esperienza non lo attraversa direttamente o da molto vicino. Quando ciò avviene, la prima sensazione è di smarrimento di fronte alla falla che si è improvvisamente aperta: è una ferita vera e propria, una profonda frattura nell'integrità dell'essere umano, opera d'arte fino a quel momento vissuta come unica, perfetta e incommensurabile. A peggiorare il disagio interviene lo "svelamento'" del fatto che non vi è nessun responsabile esterno ad aver provocato questo danno; il male viene da dentro, è autogenerato e non vi sono né nemici esterni né armi per debellarli.

Sbigottimento, incapacità di reagire, frustrazione, delusione, mortificazione, abbattimento, depressione rendono difficili le relazioni con l'esterno, il paziente si

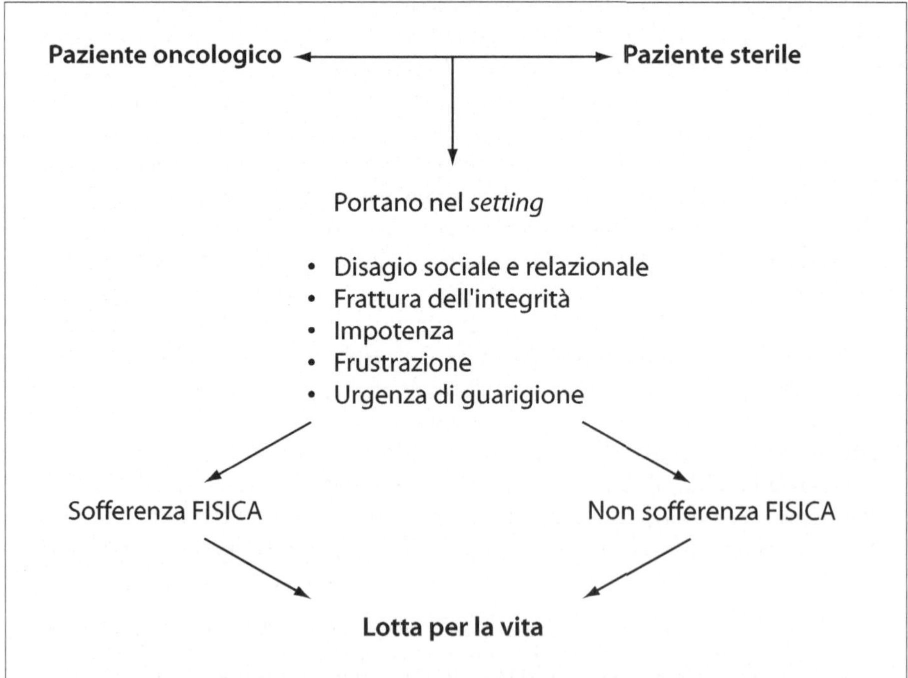

Fig. 1. Relazione medico-paziente in specializzazioni ad alto carico emotivo

sente diverso rispetto alla società che lo circonda.

Questa sensazione di inadeguatezza rende urgente la necessità di fare qualcosa, per esempio rivolgersi a un medico capace, per sentito dire, di risolvere questo tipo di problema. Il paziente arriva dal medico, fragile, indifeso, con l'urgenza di essere consolato, arginato e, se è possibile, guarito.

3.2 Che cosa ruota intorno al paziente

Per trovare una soluzione a tanta complessità emotiva, ci siamo posti di fronte alla questione con lo stesso atteggiamento minuzioso che il ricercatore adotta per studiare un fenomeno negli attori, nelle relazioni, nel processo e nei riflessi. Cercheremo dunque di trovare un nesso tra fatti che, per la loro ricchezza, è impossibile esaurire ed è stata forse questa molteplicità di aspetti a stimolare in noi questo lavoro capace di generare perennemente nuovi stimoli, emozioni e continui apprendimenti.

Il primo degli attori studiato è ovviamente la coppia infertile che attraverso i propri vissuti e comportamenti ci ha permesso di identificare le aree problematiche così come sono raffigurate nella Figura 2.

Osservando ciò che ruota intorno all'infertilità ci siamo resi conto che nessuna delle aree proprie dell'essere umano ne è risparmiata ed è in relazione a questa osservazione che non esitiamo a definire il deficit procreativo come una vera crisi bio-psico-sociale.

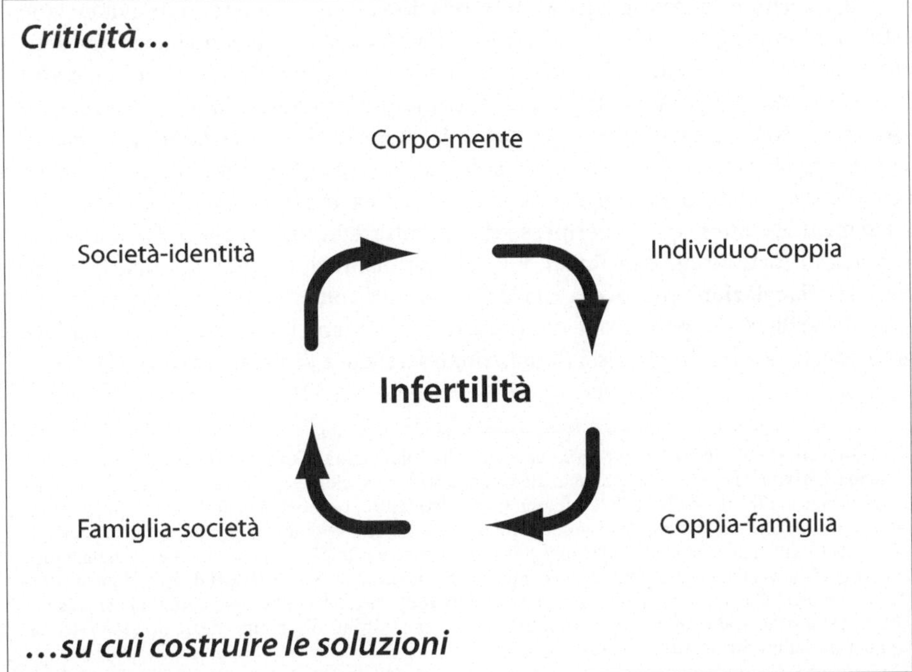

Fig. 2. Infertilità come crisi bio-psico-sociale

Se seguiamo in senso orario le criticità che ruotano intorno all'infertilità, così come sono descritte nella figura, ci accorgiamo che l'infertilità agisce con una serie di effetti sull'individuo, si allarga al mondo circostante per poi ricadere a cascata sullo stesso portatore. È come se lo stupore iniziale per la vulnerabilità riscontrata cerchi contenimento e soluzioni in spazi esterni medici e, se lì dove li cerca non trova ciò che desidera, ricade su se stesso lasciando il paziente avvitato intorno al vuoto.

La condizione psicologicamente opprimente, che U.A. Sthephanos definisce "sindrome da desiderio di figli"[64], crea un doloroso circolo vizioso fatto di attese e mestruazioni, sospensioni temporali che producono depressione, apatia, ostilità, paura d'impazzire e tanta invidia. La perdita di controllo sulla capacità procreativa del proprio corpo rappresenta, in termini di processo emotivo individuale, un potente colpo alla grandiosità narcisistica individuale e una diminuzione dell'orgoglio nei confronti dell'immagine di sé. Sterilità significa confrontarsi con il senso di perdita. I sentimenti associati con la perdita della capacità riproduttiva possono essere molto difficili da capire in modo razionale; affiorano a causa di un vuoto, di un'assenza piuttosto che per la presenza di qualcosa di concreto. In questa esperienza a essere delusi sono più i sogni, le fantasie, le aspettative; non vi è la reale perdita di qualcosa di già vissuto e posseduto: il dolore è vuoto, non è tangibile. Il maschio a sua volta, che non possiede l'esperienza di una genitorialità vissuta nelle viscere, affida ai figli il senso della continuazione della vita, della specie: di conseguenza, vive la sterilità come uno stato che lo pone a confronto con la morte e con la consapevolezza di essere mortale. Il doloroso vissuto di imperfezione, così, rendendo l'individuo fragile e vulnerabile, si ripercuote inevitabilmente sul contenitore più vicino: la coppia.

È all'interno di questo primo ambito relazionale che si mettono in evidenza le disfunzioni iniziali; la coppia che riconosce il problema, ma che non ha ancora definito il portatore della patologia, si ritira emotivamente. L'impotenza *generandi* evoca l'impotenza *coeundi*, i rapporti sessuali si fanno più sporadici e non è raro rilevare disfunzioni come l'eiaculazione precoce e la mancanza del desiderio, che spesso nella donna si traduce in penetrazioni dolorose. Il rilievo del profilo psicosessuale e socioaffettivo[65] effettuato con il test SESAMO (Sex relation Evaluation Schedule Assessment MOnitoring) ha permesso di riscontrare in tutti i soggetti analizzati la presenza di forti disagi relazionali, non ultime disfunzioni sessuali quali disturbi erettivi o eiaculazione precoce o ritardata, e di difficoltà di adattamento in condizioni di sterilità[66]. La percezione del proprio corpo viene infatti vissuta in maniera egodistonica favorendo processi di inibizione sessuale e difficoltà relazionale.

---

[64] Cfr. Stephanos UA (2003) *La maternità negata*. Bollati Boringhieri, Torino, pp 18-90.

[65] **Socioaffettività**: la socioaffettività si analizza attraverso la sociometria che è lo studio della struttura psicologica affettiva della società umana. Questa struttura, raramente visibile alla superficie dei processi sociali, consiste in complessi modelli interpersonali, che vengono studiati attraverso procedimenti quantitativi e qualitativi. Tra questi il più significativo è il test *sociometrico* che evidenzia e rappresenta graficamente nel *sociogramma* i cosiddetti *sentimenti tele*, ossia i fattori di attrazione e rifiuto fra i membri del gruppo, mediante una serie di domande che sollecitano ogni componente a esprimersi in termini di scelta, di rifiuto o di indifferenza nei confronti di ognuno degli altri membri del gruppo. Cfr. Galimberti U, *op. cit.*, p 887.

[66] Cfr. Vignati R (2002) *L'assessment sessuorelazionale eseguito con una nuova metodica*. Informazione Ordine Psicologi Marche. N. 1, giugno 2002, pp 7-12.

Ipertensione, cefalea ricorrente, ulcera gastrica e colite sono le patologie psicosomatiche che più frequentemente trovano l'*humus* adatto per cronicizzarsi. Queste coppie, a prima vista, sembrano ben funzionare sul piano relazionale, sessuale, familiare e lavorativo. Quasi sempre i partner si dichiarano soddisfatti l'uno dell'altra, ma, approfondendo anche in maniera superficiale le dinamiche del rapporto, risulta evidente che lo scambio reciproco è solo apparente. Nessun membro della coppia ha la possibilità di esprimere direttamente all'altro le proprie necessità e i propri dolori. Tolta la gravidanza come progetto da condividere viene a mancare lo spazio comune capace di accogliere la dipendenza emotiva e affettiva.

Più avanti, la coppia si isola dal contesto sociale; frequentare parenti con bambini, sentirsi chiedere dai genitori «Ma quando ci farete un nipotino?» e avvertire il sentimento di invidia, diventa inaccettabile. L'idea di un figlio precede il concepimento ed è scritta in qualche misura nelle regole di una società, seppure in rapida trasformazione, ancora fondata sulla famiglia.

Dunque, ancor prima del concepimento, esiste un immaginario sociale stereotipato del bambino che prima o poi nascerà. Il passaggio dalla sola coniugalità alla genitorialità costituisce una transizione chiave nel ciclo di vita della famiglia, che si trasforma in un sistema a tre persone per la prima volta permanente. Potremmo dire che è proprio la nascita di un figlio a istituire la famiglia, appunto perché questa ha il suo specifico in quell'elemento terzo che è la genitorialità e la progettualità della coppia. Quando la nascita non si verifica, si dà un veto a quell'evento sociale critico che è la redistribuzione sociale dei ruoli. L'elemento nuovo esige dall'organizzazione nuove competenze e adattamenti; l'ingresso del figlio nella famiglia è una ristrutturazione talmente forte da richiede di rinominare i ruoli, i coniugi diventano genitori, i genitori nonni, i fratelli zii. La diagnosi di sterilità può essere vissuta come una perdita di prestigio, di status, in quanto la società fonda il suo essere sulla famiglia. Il disagio si allarga agli amici, ai colleghi di lavoro che, spesso coetanei, hanno già realizzato la loro identità genitoriale; questa solitudine talvolta può stimolare l'uso di farmaci o di loro succedanei, quali comportamenti di dipendenza più frequentemente verso il lavoro, gli acquisti compulsivi, l'abuso di sostanze debolmente o fortemente psicotrope come l'alcool, il tabacco, la cannabis o altro. Si realizzano così veri e propri atteggiamenti da *addiction* compensatori sul piano della dinamica psichica, comportamenti capaci cioè di contenere malesseri più gravi, ma deleteri nelle relazioni sociali. Altre volte questo *blues,* queste note che suonano malinconiche dentro di sé per l'assenza di bambini, rifugia la tristezza che le ha prodotte in una sterile e casalinga dipendenza dalla rete (*e-addiction*).

La depressione o la sua più immediata "terapia" (il comportamento di dipendenza autoinnescatosi) ricadono sui pazienti chiudendo il cerchio. Nella nostra esperienza i toni dell'umore depressivo sono più probabili e di maggiore intensità nelle coppie che hanno già sperimentato diversi cicli di fecondazione con esito negativo senza mai aver beneficiato di un supporto psicologico. La stessa coppia, sostenuta invece da una psicoterapia o da un semplice e competente supporto psicologico, sviluppa rapidamente la capacità di elaborare altre soluzioni sicuramente più funzionali al proprio stato psichico.

La nostra indagine, anche se numericamente insufficiente per una restituzione scientifica, ha messo in luce che i disturbi e le patologie rilevate tra i pazienti sono molto simili a quelli accusati dagli operatori del settore affetti da *burn-out*, anche se con minore penetranza. Bipolarità dei toni dell'umore sono frequenti tra gli operatori sicché non è infrequente osservare medici che tendono a esaltare con atteggiamenti euforici e vistosi i loro risultati positivi mentre negano per rimozione[67] gli insuccessi e, viceversa, soggetti divenuti introversi e depressi sotto il peso dei fallimenti, come se questi ultimi permeassero l'intera realtà professionale e loro ne fossero gli unici responsabili. Per comprendere la vulnerabilità in cui vivono gli operatori del settore basta entrare in un Centro di fecondazione assistita; di solito, in bella mostra si trova un poster con le foto di bambini nati da tecniche di fecondazione in vitro. Occhi grandi, sorrisi, candeline scintillanti sopra le torte da un lato rassicurano i pazienti sul fatto che il risultato c'è ed è duraturo, e dall'altro lato quietano le ansie dei medici sugli esiti del loro operato. Quando il mondo dell'essere è debole si rivolge all'apparire, si serve così di titoli, di immagini, mostra trofei. Rappresentazioni ammiccanti che alludono e illudono come insegne pubblicitarie, certamente non figlie di un sofisticato marketing ma di una debole difesa.

Sono queste le aree di criticità che, come vedremo, hanno stimolato la realizzazione e la formulazione del protocollo SAHARAI. Prima di passare alla sua descrizione, ritengo opportuno approfondire nel prossimo capitolo le dinamiche che si svolgono tra il medico e il paziente.

[67] **Rimozione:** termine psicoanalitico che si riferisce a un processo inconscio che consente di escludere dalla coscienza determinate rappresentazioni connesse a una pulsione il cui soddisfacimento sarebbe in contrasto con altre esigenze psichiche. Cfr. Galimberti U, *op. cit.*, p 820.

4. Professionisti dell'infertilità al lavoro

4.1 La relazione medico-paziente: la debolezza del contratto

Prima di entrare nel vivo delle dinamiche che si svolgono all'interno di uno studio professionale, vorrei attirare l'attenzione sul potere che le parole del medico hanno sul paziente. Altre professioni stanno ben attente all'uso delle parole. Difficilmente il consulente aziendale chiamato ad analizzare un'azienda e a risolverne i problemi interni, di fronte alla frase un po' adulante, per esempio «Sono certo che lei potrà ...», rivoltagli dal direttore marketing che lo ha ingaggiato, risponderà: «La ringrazio della fiducia che mi accorda, sicuramente andrà tutto bene». Il suo atteggiamento sarà quello di rimanere in silenzio o di rispondere con una frase come: «Non sono in grado di rispondere alla sua esigenza se non al termine di un'attenta analisi aziendale». Lo psicologo, che come il medico si occupa di salute, non prende nemmeno in considerazione l'ipotesi di formulare una diagnosi in prima seduta, anzi, si riserva un proprio potere decisionale: «Faremo due-tre sedute e poi le saprò dire se posso tenerla in terapia o se sarà più opportuno inviarla a un altro collega». Strategie, se vogliamo, che sottolineano però un concetto ben preciso: da questo momento in poi il problema è il tuo; io posso impegnare il mio sapere nel cercare di risolverlo insieme a te. Questo atteggiamento non è solo strategico: in realtà il professionista non ha realmente la certezza che il problema per il quale viene richiesto il suo intervento sia quello vero, né tanto meno sa quale sia la maniera migliore per risolverlo.

Agendo da uomini di scienza dovremmo dire che le nostre decisioni tecniche devono essere prese a partire dalla diagnosi a prescindere dalle caratteristiche psicologiche dei nostri pazienti ma, come vedremo, è altrettanto importante calibrare l'intervento tenendo conto delle peculiarità dell'individuo che abbiamo davanti.

Una volta si presentò nel mio studio una coppia coniugata da dieci anni senza prole, chiedendomi di essere sottoposta a un protocollo di PMA. Era una di quelle coppie fornite di un ampio numero di accertamenti diagnostici, ma ciò che saltava agli occhi era il fatto che per ben due volte, pur essendosi rivolti a Centri di chiara fama, avevano iniziato un protocollo di stimolazione per sospenderlo appena prima del prelievo ovocitario. Erano pazienti colti e particolarmente informati e quando terminai, per dovere di cronaca, la mia parte informativa, chiesi loro se ci fossero perplessità. La paziente mi rispose con queste parole: «Ho solo paura di avere una gravidanza gemellare». «Forse ha paura di avere anche un solo bambino o in generale una gravidanza?», replicai. La signora si aprì in un leggero sorriso e disse: «Ci penserò, ma credo che lei abbia ragione». In quel momento ho perso un incarico professionale, ma ho evitato che una persona si sottoponesse a qualcosa che rifiutava e soprattutto ho risparmiato a un bambino di avere genitori che non erano pronti per essere tali.

È un esempio di falsa domanda d'aiuto, o meglio, la domanda d'aiuto c'era; non consisteva tuttavia in quello che era stato richiesto letteralmente, ma in ciò che vi stava dietro. È bastato coglierla per quello che era e non per quello che appariva.

Ciò che accomuna la maggior parte dei portatori di un problema, vero o falso che sia, è il desiderio di risolverlo; e tanto più esso è grave e difficile tanto più il desiderio cresce e l'aspettativa di guarigione è alta. Il medico che prende in carico il problema avverte perfettamente l'ansia di chi aspetta da lui il verdetto e, in virtù del proprio sapere e della propria esperienza, accenna ipotesi diagnostiche e comunica possibili interventi terapeutici con relative prognosi espresse statisticamente.

Sebbene questo comportamento sia eticamente ineccepibile, il paziente, benché informato, tende psicologicamente a negare l'ipotesi del fallimento che, com'è già stato detto, nel caso dell'infertilità raggiunge il 70%. Egli vuole piuttosto che ci sia qualcuno che prenda in carico il suo organo malato e risolva la questione. Se potesse lasciare al ginecologo l'organo riproduttivo che lo ha tradito e deluso, come se fosse un elettrodomestico da riparare, lo farebbe.

Quest'ansia, difficile da contenere entro lo spazio temporale concesso da una visita, trova facilmente accoglienza da quel tipo di medico che difficilmente riesce a sottrarsi alla seduzione esercitata dal potere conferitogli dagli stessi pazienti. «*Spesso operatori tecnicamente preparati sui contenuti* - dice Carli - *soccombono, restando invischiati nella rete di rapporti di un certo contesto, soprattutto se non riescono a riflettere in termini di metacontesto ovvero a "ricordarsi" che essi stessi fanno parte del sistema che stanno prendendo in considerazione*[68]».

Se si procede in maniera tradizionale, il contratto è già definito alla prima visita o al primo colloquio. Successivamente, il paziente esegue gli esami che gli sono stati indicati in modo tale da rendere possibile una diagnosi che attesti con certezza l'infertilità e applicare la terapia appropriata; il medico, a sua volta, in attesa degli esiti, procede nel suo lavoro.

Eppure, in questo periodo di stallo apparente, qualcosa si muove: il paziente, sospeso in attesa del momento terapeutico, trova quiete nella delega appena effettuata e, così facendo, crea una distanza di sicurezza tra sé e la malattia, la oggettivizza rendendola estranea a se stesso. Al colloquio segue un periodo di relativa quiete; le disfunzioni comportamentali e sessuali, quasi sempre presenti in specie tra i maschi, si attenuano e spesso scompaiono transitoriamente.

È un classico teatro di atti difensivi messi in scena per fronteggiare un'*impasse* ma, a livello inconscio, le cose non sono così calme. Rispetto alla possibilità di porre rimedio al proprio corpo "rotto", il paziente sa bene di aver riconosciuto al medico eccessivi poteri magici e riparativi e, quindi, consapevole almeno a un livello profondo dell'alta possibilità di fallimento, la teme.

Ma anche il medico e l'équipe in genere non rimangono immuni da questa paura e quindi sviluppano comportamenti ansiosi o, molto più frequentemente, disaffettivi in quanto, sebbene spesso solo a livello inconscio, riconoscono l'alto

---

68 Cfr Carli R (a cura di) (1993) *L'analisi della domanda in psicologia clinica*. Giuffrè, Milano, pp 14-20.

investimento emotivo contenuto nella stessa delega che così facilmente hanno accettato. Entrambi questi atteggiamenti, purtroppo, non si fermano all'ambito professionale che li ha prodotti e spesso diventano modi di vivere, peculiarità caratteriali che si estrinsecano in tutti gli altri contatti sociali. Potremmo dire che in questa relazione, che vede un elemento debole nella figura del "malato" e uno forte in quella del "guaritore", il punto di equilibrio che democraticizza il rapporto sta nel fatto che entrambi temono il fallimento. Una paura che sfocia spesso in agiti[69], ma che difficilmente viene esplicitata al paziente se non sotto forma di sterili valori numerici.

Una resa dei conti di questa dinamica può meglio valutarsi alla fine dell'iter terapeutico, fase in cui, se la gravidanza è stata ottenuta, si ha da parte del paziente la conferma della bontà della delega e dell'ottimismo avuto sulle aspettative. In questo caso il proprio corpo, percepito fino a poco tempo prima come fallato, imperfetto, può reintegrare quella parte di sé prima malata e poi guarita. È ovvio che, per il medico, un esito del genere non fa che confermare il proprio valore professionale, contribuendo a generare quella forza che lo sosterrà nel suo mandato.

Le cose cambiano quando l'esito è il fallimento. Il sentimento più immediato vissuto dal paziente è quello della frustrazione alla quale segue la rabbia. È difficile accettare che il proprio corpo imperfetto non risponda positivamente neanche dopo essersi affidati alle cure dell'esperto e aver speso tempo e denaro. I poteri del medico, nell'estremo tentativo che il paziente attua di rimuovere la sofferenza cercando un colpevole esterno, sono i primi a essere messi in discussione ma, alla fine, non resta altro che reintegrarsi con il proprio corpo malato e ciò, dopo aver fallito, è vissuto con più dolore di prima.

L'infertilità ricade sull'individuo che ne è portatore come una pioggia radioattiva generando spesso disagi psichici anche temporanei che, una volta ridotti, potranno permettere ai pazienti di riprovare con la stessa équipe o, come spesso accade, realizzando un *drop-out*[70], cioè interrompendo la terapia o migrando di Centro in Centro. Questo esodo altro non è che il solito atteggiamento di difesa messo in atto dalla coppia per rendere accettabile il fallimento scaricando la responsabilità dell'operato sul Centro o molto più spesso sul ginecologo che l'ha presa in carico, che rappresenta l'interlocutore diretto.

Il fallimento genera un senso di frustrazione anche tra i sanitari che, in qualche maniera, cercano conforto, e superficialmente lo trovano, nei dati statistici con cui, come un'armatura, tentano di difendere tanto l'autostima quanto il sé professionale. Ma se i numeri riescono ad assolvere la questione dal punto di vista dell'etica professionale, non si può dire che abbiano altrettanta efficacia e capacità risolutiva quando il disagio dell'operatore deve affrontare, dal vivo, quello, ben più grave, dei pazienti.

Per il medico, rincontrare la coppia che si era già affidata a lui piena di speranza sul terreno della disfatta diventa insopportabile, specialmente nei grossi Centri

---

69 **Agito**: la parola "agito" in questo caso è volutamente abusata. Il termine psicoanalitico introdotto da S. Freud indica il tentativo del paziente in trattamento analitico a non misurarsi, per paura, con i suoi conflitti inconsci, cercando soluzioni sul piano di realtà.

70 **Drop-out**: termine, in ambito psicoterapeutico, riferito ai pazienti che interrompono il trattamento senza preventivamente essersi accordati con il terapeuta. Cfr. Galimberti U, *op. cit.*, p 314.

di PMA dove i clienti sono tanti e i fallimenti proporzionali al loro numero.

Uno dei comportamenti messi in opera come istintiva difesa da parte delle istituzioni che si occupano di gestire relazioni che mi piace definire ad alto carico emotivo è quello di creare distanza emotiva tra sé e i pazienti che hanno difficoltà a guarire e a essere guariti. Mi riferisco al *burn-out*.

Per comprendere il *burn-out* basti pensare a rapporti con professionisti che prendono seriamente in carico il problema, spiegano le patologia e gli interventi terapeutici con dovizia di particolari, leggono il più preciso e articolato dei consensi informati ma, alla fine della consultazione, lasciano la sensazione di aver parlato in termini accademici di un argomento di cui sono stati curati tutti gli aspetti tranne il fatto che l'altro, il paziente, esista.

Altri professionisti, meno difesi e più disposti a entrare in relazione, preferiscono affrontare il difficile colloquio con il paziente destreggiandosi tra le obiettive difficoltà che, solo se fronteggiate nel quotidiano, a poco a poco si trasformano in risorse e in nuova competenza.

La questione sarebbe meno importante se avessimo un più alto numero di successi e se non ci trovassimo a trattare di quella che, dopo l'istinto di sopravvivenza, è la più importante delle pulsioni: la conservazione della specie.

Nella maggior parte dei casi, a fronte dell'oggettiva difficoltà si realizza una collusione tra la totale delega del paziente e la totale presa in carico del problema da parte del medico; un accordo silenzioso che, in prima battuta, acquieta gli animi ma che, alla lunga, concretizza un contratto terapeutico debole. La vera difficoltà in questa difficile relazione è gestire il fallimento, tanto dal versante dei pazienti che da quello degli addetti ai lavori. In attesa di presentare gli strumenti di gestione, vediamo quali sono i momenti più critici in cui essi devono essere impiegati.

5. I momenti critici

5.1 Prima della diagnosi

La relazione medico-paziente si svolge fin dalle prime battute sul campo della diagnosi, da cui deriveranno la prognosi e la terapia, e questo è un primo punto che merita attenzione. La diagnosi si comporta come un punto di non ritorno: una volta emessa ha la forza di una sentenza e di per sé possiede una sua autonomia. Essa da sola è capace di suscitare nei pazienti una serie di interrogativi e sensazioni. È opportuno dunque, prima di emettere una diagnosi, capire chi abbiamo davanti per meglio calibrare l'intervento. La formazione medica, in qualche maniera, premia la velocità d'azione piuttosto che la riflessività; la rapidità con la quale il medico raccoglie un'anamnesi e formula una diagnosi gli permette di intervenire prontamente e lo fa apparire competente agli occhi dei pazienti. Ma se questo è valido per tutte le patologie in cui il suo intervento è pressoché sempre risolutivo, altrettanto non possiamo dire quando il suo operato si muove su un terreno minato e instabile come l'infertilità o l'oncologia.

Questi campi, che collocano ai sommi vertici i professionisti che gestiscono gli estremi dell'esistenza (la vita e la morte), ne fanno da un lato forti eroi e dall'altro provocano in loro un indebolimento che risiede nei limiti della tecnica da loro stessi applicata. Chi opera in questi settori della salute può sperare nella scoperta e nell'utilizzo di tecnologie altre per migliorare i suoi risultati ma, nel frattempo, ha una possibilità immediata: quella di accrescere le proprie competenze in settori che prescindono dalla propria stretta formazione. Trovare strategie per far stare più comodi medici e pazienti, questo è l'intento che perseguiamo con il nostro lavoro; se, come in tutti i nuovi protocolli, può esserci qualche piccola perplessità, di una cosa siamo certi: qualunque intervento che si prefigga di migliorare la relazione va fatto alla prima visita, prima di formulare la diagnosi.

Il momento della prima accoglienza è quello in cui si analizza la richiesta e pertanto costituisce il tempo più idoneo per scegliere la tecnica migliore da impiegare e per fare ipotesi sulle motivazioni e sulle aspettative dei pazienti, del medico e perfino di chi ci ha inviato la coppia. Fondamentali sono le premesse, per dirla con Bateson, «... *che definiscono la visione del mondo dell'operatore, dell'utente e del contesto socioculturale di cui entrambi fanno parte secondo le ipotesi relative al processo istituente*[71]».

Quando in un contesto si avvertono disfunzioni, ciò che è da evitare è ripercor-

---

71 Cfr. Bateson G (1976) *Verso un'ecologia della mente*. Adelphi, Milano, pp 303-338.

rere gli schemi di lavoro precostituiti in modo da evitare la lettura unilaterale di quello che sta avvenendo, atteggiamento che sicuramente determina la stasi del cattivo funzionamento. Come ci suggerisce Malagoli Togliatti, «*È proprio nella fase dei primi colloqui che si corrono i maggiori rischi di funzionare in senso omeostatico*[72]».

Rompere uno schema precostituito, come accade nelle abitudini, è difficile: ecco perché è necessario applicare una metodologia che nelle nostre linee guida raccomanda l'intervento innovativo alla prima visita. Basta un solo tassello inserito al posto giusto per modificare un'intera struttura.

Non è possibile rompere un'omeostasi se non agendo dall'interno del contesto che l'ha determinata. Il primo a impiegare il termine "contesto" fu Gregory Bateson che lo definì il "luogo sociale" in cui si verifica una relazione, ma che ne parlò anche come luogo dove si realizzano le condizioni per apprendere. Ciò che intendeva dire è che qualunque comportamento umano si codifica assumendo un significato o un altro a seconda dell'influenza che l'ambiente sociale ha su di esso. Ma il contesto diventa anche luogo di apprendimento, dal momento che è disseminato di segnali impliciti ed espliciti che lo rendono riconoscibile per la persona che, trovandovisi a contatto, trae delle decodifiche di tranquillità psicologica[73]. Il contesto ha contemporaneamente tanto la forza e l'autorevolezza di lasciare tutto fermo in un'omeostasi quasi mortale, quanto la capacità di introdurre mutamenti che, per il solo fatto di essere presenti in quel luogo sociale, costituiscono di per sé apprendimento capace di costruire nuove realtà. Ma se cambiamo qualcosa nel nostro ambiente di lavoro, noi stessi dobbiamo essere pronti a vedere ciò che ci circonda in un'altra ottica e questo, secondo Bateson, fa ulteriormente del contesto un luogo di apprendimento.

Per fare ordine tra i vari livelli che questa visione ci offre è necessario applicare un metodo; è come dire: «Bisogna fare ordine per gestire il disordine, prima di imparare autonomamente a navigare nel disordine con un proprio ordine».

Alla luce di quanto detto possiamo affermare che il protocollo SAHARAI, qui presentato come innovazione, ha validità e forza solo se medici, biologi e psicologi, presentandolo all'interno dei vari contesti lavorativi, gli conferiscono la forza e l'autorità che solo loro in quel luogo incarnano, pur avendo la consapevolezza che introdurre un cambiamento costituirà per loro un'iniziale fatica. Introdurre cambiamenti nel nostro contesto corrisponde a modificare le dinamiche collusive preesistenti tra medico e paziente, una fenomenologia collusiva che, come dice Carli, «È *in grado di evocare e di mantenere consenso e coesione sociale sulla base delle comuni, reciproche e complementari simbolizzazioni affettive del contesto, piuttosto che sulla verifica fondata sul "pensiero dividente ed eterogenico", quindi sulla valutazione di eventi, situazioni, rapporti*[74]».

---

[72] Cfr. Malagoli Togliatti M, Costanza G (1993) *La costruzione del cambiamento nell'analisi della domanda*. In: Carli R, *op. cit.*, pp 41-58.

[73] L'importanza del contesto sul comportamento trova d'accordo anche K. Lewin, le cui teorie, d'altronde, nascono dall'esperienza di Paolo Alto, lo stesso luogo che stimolò il pensiero di G. Bateson. Infatti, la formula lewiniana che esprime il comportamento come funzione della persona e dell'ambiente indica che l'interazione tra persona e ambiente è il principale fattore di cambiamento o di assenza di cambiamento. [1] C=f(P, A) dove C=comportamento, P=persona, A=ambiente.

[74] Cfr. Carli R, *op. cit.*, pp 6-39.

5.2 Prima dell'esito terapeutico

Il primo nostro intervento avverrà in quel momento di stallo apparente che si trova tra il primo colloquio e la formulazione della diagnosi. Esiste tuttavia un altro tempo che all'esterno appare di semplice attesa ma che ha invece tutti gli aspetti di un momento critico: si tratta dello spazio temporale che va dal prelievo ovocitario fino al test di gravidanza o al flusso mestruale. Da quando ha iniziato la stimolazione ovocitaria, attraverso l'ecografia e i dosaggi ormonali la paziente può seguire l'evoluzione dei propri follicoli fino alla loro maturazione; spesso riesce addirittura a riconoscerne il numero e la qualità.

Tutti gli operatori che si occupano di PMA hanno fatto esperienza del fatto che l'ecografo è lo strumento nei confronti del quale i pazienti sviluppano un'immediata confidenza. Questa strana e rapida acquisizione di competenza è, a nostro parere, figlia di un'esigenza primaria, quella di capire ciò che sta accadendo dentro il proprio corpo, e l'ecografia è l'unica tecnologia abitualmente usata a permettere, finora, tale conoscenza. Questo strumento dà pari visibilità del fenomeno a tutti gli attori fino al momento del prelievo ovocitario quando, per legittime necessità legate al dolore che la procedura determina, la paziente viene posta sotto anestesia perdendo la verifica di ciò che sta avvenendo.

Per comprendere lo stato d'animo di chi perde il controllo di una procedura basti pensare a ciò che accade all'équipe quando, dopo l'aspirazione del liquido follicolare, resta in attesa della conta degli ovociti recuperati. Il ginecologo, se – come quasi sempre accade – si trova nelle strette vicinanze del laboratorio, mentre sta finendo di aspirare già chiede a voce alta al biologo: «Che mi dici, quanti ne hai trovati?». È sufficiente che il biologo, nel frattempo indaffarato a cercare gli ovociti nel liquido follicolare prelevato, risponda: «Ne ho già trovato uno ed è buono» perché la tensione nella stanza accanto si abbassi. Pochi momenti di buio ed è ansia per chiunque.

Se gli ovociti ci sono, ci sentiamo più tranquilli, perché possiamo comunicare ai pazienti che, almeno fino a quel momento, tutto è andato bene; se invece non c'è stata crescita ovocitaria, incontreremo la difficoltà di affrontare il primo anello debole del nostro contratto.

Nelle 16 ore successive la relazione si riequilibra; nessuno infatti potrà avere notizie sulla fecondazione degli ovociti in questo intervallo di tempo. Si godono quindi le prime 12 ore di calma per avere raggiunto il primo degli obiettivi: gli ovociti prelevati. Poi la tensione risale, il paziente chiede al ginecologo, il ginecologo chiede al biologo e il biologo timoroso mette la piastra sotto le lenti del microscopio.

Se la coppia è stata sottoposta a una FIVET, l'ansia aumenta. Ancor prima che il ginecologo e il paziente sappiano, il biologo riflette: «Come ci si può affidare alla natura? Tutta la tecnologia utilizzata e la procedura seguita tanto meticolosamente sono nelle mani di due-tre spermatozoi che devono penetrare la membrana pellucida. Se non ce la faranno, che diremo alla paziente? Ma non sarebbe stato mille volte meglio fare una ICSI? Almeno sarei stato sicuro della fecondazione degli ovociti e non starei qui a penare per dare una risposta».

Se gli zigoti sono in formazione, riparte il tam-tam al contrario; il biologo ha visto con i suoi occhi e tranquillizza il ginecologo, il quale trasmette la notizia alla coppia che, per proprietà transitiva, si sente più serena. Da questo momento in poi, e in media per le successive 40 ore, la relazione si sbilancia. L'équipe medica, attraverso il microscopio, avrà visibilità di ciò che succede mentre i pazienti, in condizione di stallo apparente, possono essere solo informati ma non vedono che cosa sta accadendo. Questa loro cecità continua fino al transfer embrionale. In questa fase, alcuni Centri di fecondazione assistita sono soliti, allo scopo di dare maggiore visibilità a ciò che accade, mostrare le foto degli embrioni che stanno per trasferire in utero. Da lì, e fino all'esito finale, la processualità sfugge alla vista tanto di chi cura quanto di chi è curato, ristabilendo così un equilibrio. Test di gravidanza e mestruazione, infine, sono i fenomeni che ripristinano il controllo e la visibilità per tutti.

Riassumendo, possiamo dire che l'ansia da mancato controllo è costante per i pazienti durante tutto il processo, mentre nell'équipe insorge solo in tre momenti ciechi:

1. Dal *pick-up* al conteggio degli ovociti reclutati (pochi minuti).
2. Dalla messa a contatto dei gameti alla fecondazione (16 ore).
3. Dal transfer embrionale fino al test di gravidanza o mestruazione (14 giorni).

Proviamo adesso a immaginare, con buona approssimazione, quali possono essere i vissuti dell'operatore. Apparentemente egli avverte tranquillità per il fatto di aver proceduto in buona fede e secondo i protocolli ma, a un livello meno superficiale, vive l'ansia derivante dalla consapevolezza dell'elevato margine di fallimento proprio della tecnica adottata. Ne derivano senso di fastidio e inadeguatezza per le possibili difficoltà che incontrerà nel comunicare un eventuale esito negativo o, peggio ancora, come talvolta accade, l'irritazione che avvertirà nel dover rispondere a una più o meno velata accusa di "cattivo operato" o addirittura di "colpevolezza".

Il paziente, nel frattempo, avendo superato i due ostacoli del recupero ovocitario e della loro fecondazione, gode ancora della serenità determinata dall'essersi affidato all'équipe medico-biologica; le nostre interviste, eseguite in questa fase del ciclo, svelano però contemporaneamente un altro scenario. Due sono i livelli di frustrazione più spesso vissuti dai pazienti: quello che portano in sé fin dall'inizio, cioè di non aver potuto procreare come gli altri, e quello di non aver avuto nessun controllo diretto sulle fasi e sugli esiti intermedi. Se una parte si vuole affidare e non saperne più niente fino alla fine, l'altra entra in ansia per questo affidamento totale che opererà scelte sulla natura e, in qualche modo, interverrà sulla qualità della propria genia.

Si possono così isolare due tipi di dinamiche: da un lato affiorano le ansie sulle aspettative proprie e parentali rispetto all'esito finale e le preoccupazioni per l'alto investimento economico, dall'altro lato vi sono le fantasie sull'attenzione posta dall'équipe medico-biologica alle diverse fasi del processo, sul criterio di scelta degli embrioni adottato, lo scambio, il furto, il destino di quelli in eccedenza. Tutto questo prorompe nella mente dei pazienti in attesa di qualcosa o di qualcuno che argini e contenga i loro pensieri.

6. La gestione dei momenti critici

6.1 Gli strumenti

Il medico sa, seppure non sempre a livello conscio, che l'investimento emotivo del paziente supera ciò che egli stesso può offrire e gestire ed è in quest'ottica che lo studio delle sue complesse dinamiche interpersonali diventa un'enorme risorsa per la gestione della coppia infertile. Il medico che si confronta con gli altri vissuti e si addentra introspettivamente nel loro mondo fa, di quest'azione, un catalizzatore delle sue stesse dinamiche interne. Valutare le conseguenze delle proprie azioni, insomma, aumenta la consapevolezza delle proprie modalità comportamentali e crea i presupposti per un aumento delle reciproche risposte positive. Affinare l'ascolto, essere capaci di empatia vuol dire riconoscere il livello di aiuto dell'altro. Il professionista, una volta attivato questo canale di ascolto, vedrà trasformarsi le sue conoscenze scientifiche in una nuova epistemologia.

Per raggiungere questi livelli il medico che si occupa di questi delicati settori, oltre a curare il momento diagnostico/terapeutico, dovrà rafforzare le proprie capacità relazionali. Una migliore relazione con il paziente, infatti, permetterà di entrare con serenità in quello spazio ad alto carico emotivo che inevitabilmente si viene a creare, gestendo meglio le proprie e le altrui emozioni.

Il paziente, a sua volta, deve essere orientato a non affidare la propria patologia al medico conferendogli l'intera responsabilità della sua risoluzione. Egli va invitato a riflettere piuttosto sulla propria condizione e sugli esiti che ne derivano. Soltanto attraverso la riflessione colui che si trova in difficoltà sarà in grado di attivare risorse e di costruire una nuova realtà che continui a dare senso e dignità alla propria vita.

Siamo partiti da queste osservazioni per costruire alcuni strumenti che avessero la caratteristica di entrare in tutte le aree coinvolte nel fenomeno infertilità, in modo da migliorare la qualità della vita del medico e del paziente che si trovano a dialogare intorno a questo difficile argomento. Nasce dunque la necessità di costruire strumenti per una nuova relazione medico-paziente:

- **Il test/questionario**: è il test, compilato dalla coppia, la cui sgrigliatura[75] e lettura facilitano l'azione del medico e stimolano la riflessività, aumentando così le risorse del paziente direttamente e, indirettamente, quelle del medico.
- **Il sistema del nurse-ring**: è il modulo operativo che rende le tecniche ugualmente visibili al medico e ai pazienti.

[75] Termine utilizzato in docimologia che indica il calcolo da eseguire per giungere, dall'analisi delle risposte inserite nelle griglie, all'esito di un test.

Questi strumenti sono la spina dorsale del nostro protocollo, rivolto tanto all'équipe medica quanto ai pazienti, il cui obiettivo è teso a far superare loro la prospettiva individualistica, figlia della necessità, e a stimolare la conoscenza delle caratteristiche individuali e delle necessità dell'altro, prerequisito importante per una relazione empatica.

Rispetto ai tempi di utilizzazione, ancora una volta si sottolinea che:

- **Il test/questionario** è da somministrarsi prima della diagnosi, in quanto il suo esito ne fa intrinsecamente parte.
- **Il sistema del nurse-ring** è da utilizzarsi con la terapia perché è esso stesso terapia.

6.2 Il questionario come strumento di diagnosi

Il primo degli strumenti del nostro protocollo di cui ci occuperemo è il test/questionario (si veda l'Appendice 3). La doppia definizione è giustificata dal fatto che esso contiene 90 domande strutturate in *item*, delle quali soltanto nove vengono utilizzate per il test diagnostico di tipo psicologico, mentre le rimanenti servono come strumento di riflessione e di diagnosi tanto per l'équipe che lo legge quanto per i pazienti che lo compilano. Per predisporlo abbiamo avuto bisogno di conoscere le dinamiche critiche sviluppate dai pazienti, come mostrato nell'immagine che illustrava le criticità (Fig. 2), e, nello stesso tempo, abbiamo dato ascolto alle problematiche più o meno esplicite delle équipe. Nel farlo, una questione non da poco è stata quella di assolvere due esigenze paradossali. Il paziente, specie quello che per la prima volta si è recato a un consulto per un problema di presunta infertilità, dichiara, intervistato, di non desiderare un colloquio con lo psicologo, ma che avrebbe molto gradito una migliore accoglienza sul piano umano e psicologico.

Sul versante sanitario si verifica un'altra incongruenza; il medico ha la necessità di conoscere, in quanto propria del suo *setting*, la situazione (dove si svolge, con chi è, che cosa sta facendo), che cosa pensa il paziente, come si sente (cioè che emozione prova), qual è il suo comportamento (che cosa sta facendo, che cosa ha fatto fino ad ora), che cosa egli stesso sta osservando, che cosa può essere accaduto. Tutto questo dovrebbe aver luogo in 30 minuti, comprese anamnesi, visita e raccolta dati.

Queste due ultime esigenze ci hanno indotto a generare strumenti che rispondessero a tali bisogni contrastanti senza modificare le regole del contesto medico. Standardizzare, giocoforza, ci ha pressoché obbligati a produrre mezzi invasivi per la loro immediatezza, ma rispettosi tanto della posizione del paziente che - sebbene lo sia - non vuole essere considerato doppiamente vulnerabile (nel corpo e nella mente), quanto del breve tempo che ha a disposizione il tradizionale *setting* medico. Abbiamo così costruito uno strumento che non impegnasse molto, in termini temporali, il medico e che informasse e facesse riflettere la coppia sulla propria condizione senza aggiungere altra intrusività agli esami strumentali e non, con i quali essa, necessariamente, deve confrontarsi.

È chiaro che le nostre reazioni emotive e operative sono in gran parte determinate dal nostro modo di pensare e il pensiero, per operare scelte e realizzare soluzioni, deve attingere a risorse esterne e interne, quali la conoscenza e riflessività; ciò vale per ogni essere umano, paziente o medico che sia. A proposito degli esiti che la riflessione e la consapevolezza determinano, vorrei riportare una ricerca longitudinale[76] in cui i dati relativi ad ansia, depressione, adattamento coniugale e identità di ruolo sono addirittura migliorati dopo mesi di indagini diagnostiche. Soltanto nei partner risultati portatori di sterilità, in particolare negli uomini, le patologie sopra elencate sono comparse in seguito alla conoscenza della diagnosi. Le coppie, in genere, sono risultate ben adattate e non sono state rilevate particolari patologie psichiche rispetto ai gruppi di controllo.

Gli Autori ipotizzano che questi risultati siano dovuti a una sorta di autoselezione per cui solo le coppie più stabili e consapevoli si impegnano attivamente, sottoponendosi ai processi diagnostici fino alla loro conclusione. In una ricerca precedente[77] sulla soddisfazione personale, coniugale e sessuale di coppie in trattamento è stato rilevato che le mogli, in generale, erano meno soddisfatte della propria vita rispetto ai mariti e, in particolare, quelle donne i cui mariti non avevano voluto rispondere ai questionari da loro somministrati mostravano più alti livelli di stress e segni di depressione.

La Figura 3 mostra sinteticamente le aree problematiche che hanno spinto alla produzione del questionario e il suo meccanismo di azione. Le frecce bidirezionali segnalano le aree che hanno stimolato la predisposizione del questionario il quale, a sua volta, riverbera effetti sulle stesse dimensioni che lo hanno generato.

Ovviamente, le problematiche di ordine relazionale e sistemico stimolano nel questionario lo sviluppo di aree di esplorazione quali quella sociologica e quella relazionale stessa, mentre dalle difficili dinamiche intrapsichiche origineranno le dimensioni psicologica e psicosomatica. Le quattro problematiche insieme danno senso all'origine dell'area sessuologica.

L'elenco sottostante sintetizza le dimensioni esplorate dal questionario:

- sociologica
- psicosomatica
- relazionale
- psicologica
- sessuologica
- di marketing
- ...

La presenza costante di patologie correlabili con l'infertilità vera o presunta, non per topografia d'organo ma per sincronicità, ha stimolato l'esigenza dell'area psicosomatica. Il fatto che i sintomi accusati dai pazienti compaiano, con precisione pressoché matematica, insieme alla presenza di difficoltà della capacità procreativa dimostra, a nostro avviso, che tali disturbi sono da considerarsi come espressione dell'ansia (condizione assimilabile a un vissuto analogo al trovarsi in una strada senza uscita) e nel contempo come forme reattive di difesa utilizzate dalla coppia per impedire la presa di coscienza di ogni conflittualità personale e relazionale. La presenza massiccia di questi sintomi non può ovviamente considerarsi un buon indice di adattamento, ma è sufficiente mettere in luce insieme al

[76] Cfr. Connolly KJ et al. (1992) *The impact of infertility on psychological functioning.* J Psychosom Res 36(5):459-468.

[77] Link PW, Darling CA (1986) *Couples undergoing treatment for infertility: dimensions of life satisfaction.* J Sex Marital Ther 12(1):46-60.

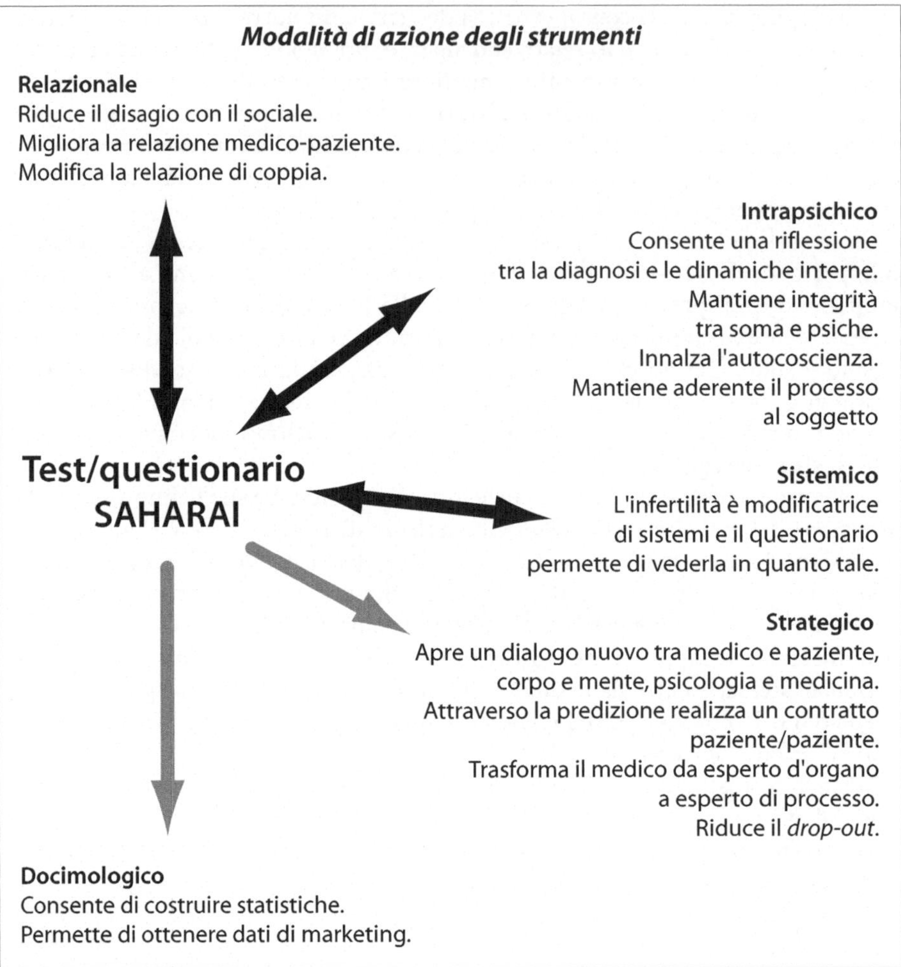

Fig. 3. I campi che stimolano e producono le soluzioni

paziente il rapporto cronologico esistente, per esempio, tra gastrite e infertilità per rendere agevole l'intervento sulle difficoltà psicologiche e veder scomparire rapidamente la somatizzazione.

L'area psicologica (che sarebbe più preciso chiamare intrapsichica o, con molta dose di presunzione, psicodinamica) va a stimolare nel paziente riflessioni sull'identità maschile e femminile, fisicamente e psicologicamente invasa dalle tecniche e dalla stessa diagnosi. La stessa area, seppure utilizzando domande indirette, ha ripercussioni sull'immagine di sé messa in discussione dall'infertilità e sul principio di morte simbolizzato dall'impossibilità di continuare la specie.

Anche i comportamenti sessuali disfunzionali possono ricondursi alla stessa dinamica che dà origine ai disturbi psicosomatici ma, in questo caso, l'organo interessato, quello della procreazione, è troppo vicino alla problematica principale per considerarlo un semplice fenomeno reattivo. La diminuzione della frequenza e della spontaneità dei rapporti sessuali e l'insorgenza di disfunzioni sessuali transitorie, quali difficoltà a raggiungere l'orgasmo, calo del desiderio, eiaculazione precoce, impotenza secondaria, azoospermia transitoria, vaginismo, dispareunia segnalano un disagio profondo, una sorta di messa in discussione dell'identità di genere.

Si consideri che il 5-7% delle coppie è sterile perché non consuma il matrimonio[78]. Anche in questo caso, spesso, basta sottolineare la relazione tra l'infertilità e la disfunzione sessuale per veder scomparire quest'ultima rapidamente e restituire così alla coppia una sessualità capace di nutrirsi del piacere e non del dovere.

La dimensione del marketing non è propriamente cercata; essa è quasi un'estrapolazione naturale di quella sociologica che permette comunque di valutare l'efficacia della comunicazione aziendale e dei suoi indotti. Gli alti investimenti economici che la medicina deve affrontare per offrire moderni servizi di qualità non permettono infatti di prescindere da una gestione manageriale e dalle regole che la governano.

Si tratta di un'area aperta nata dall'esperienza fatta con il nostro protocollo, che in quattro anni ha allargato costantemente nuove prospettive e nuove applicazioni; è un'area aperta ai suggerimenti e ai cambiamenti che lo stesso strumento, nel suo essere dinamico, suggerisce.

L'azione sistemica merita una parentesi a parte, in quanto non può essere considerata come un'area esplorativa vera e propria, ma come un intervento che ha il compito di ristrutturare un sistema che si è "ammalato". Ristrutturare non vuol dire guarire, ma costruire una visione del mondo più accettabile per il paziente.

In realtà, il paziente, rispondendo alle domande del questionario, esplora le cinque aree precedenti vivendo quelle che Franz Alexander ha chiamato "esperienze emozionali correttive".

Attraverso soma, psiche, rapporti familiari e sociali il paziente ha modo di comprendere come la propria infertilità, vera o presunta, sia al centro di un complesso sistema di interazioni. Per il solo fatto di compilare un modulo prestampato egli si rende conto che il suo problema è condivisibile e che, in quanto esiste ed è evidente in tutte le sue parti, richiede la ricerca di soluzioni compatibili con le proprie risorse.

In sintesi, possiamo scegliere chi desideriamo diventare quando abbiamo preso posizione riguardo a una domanda.

Anche quello strategico è un intervento che va oltre il contenuto letterale della domanda posta, diventando uno stratagemma capace di stimolare nel paziente ciò che è necessario per risolvere il suo problema. Quest'ultima dimensione del questionario può essere esemplificata con la domanda 39, che tende a sostanziare una sorta di contratto interno o contratto paziente/paziente:

39. Quanto tempo di tentativi di fecondazione assistita è disposto a concedersi?

- ❑ meno di 1 anno
- ❑ da 1 anno a 2 anni
- ❑ dai 2 anni ai 4 anni
- ❑ più di 4 anni

---

[78] Cfr. Graziottin A (1996) *Il ruolo del ginecologo-sessuologo nei centri di procreazione assistita.* In: Nappi C, Di Carlo C, Guida M, *op. cit.*, pp 123-127.

Questa domanda pone non pochi problemi a chi, avendo un sospetto o certezza d'infertilità, si trovi a rispondere. Vediamo le perplessità che possono sorgere nel paziente:

- Seppure informato, non aveva mai visto espressi in numeri, meno che mai nel suo questionario, gli anni in cui potrebbe trovarsi impegnato in questo progetto.
- La sua decisione potrebbe non essere in linea con quella del suo/della sua partner, e quindi ipoteticamente conflittuale.
- Scegliere un'opzione, dato che un contratto interno è di forza pari a uno formale, equivale a precludere altre possibilità.

Nessuna necessità esterna obbliga il paziente a rispondere; eppure egli deve decidere quale risposta dare a una domanda quasi indecidibile. Appena sceglie, appena prende una posizione, da un lato avverte il piacere della libertà della scelta, dall'altro lato deve fare i conti con la responsabilità della decisione presa. L'esito di questa semplice domanda è una riduzione dell'ansia, poiché il tempo da dedicare ai tentativi di fecondazione assistita, che il paziente si dà, agisce in sé da contenimento e contemporaneamente è stimolo a trovare soluzioni di altro tipo una volta scaduto.

Raramente (ma talvolta accade), l'opzione scelta è l'ultima, "più di quattro anni". In tal caso, è evidente che il paziente ha un pensiero inflazionato e che pare non possedere capacità di considerare altre soluzioni oltre il suo progetto procreativo. Cristallizzato in questo pensiero, il rischio di sindromi depressive sarà alto; è quindi opportuno, in questi casi, aiutare il/la paziente a non confondere l'identità genitoriale con quella personale.

Diventare madre comporta, infatti, una trasformazione dell'identità femminile attraverso l'acquisizione e l'integrazione delle funzioni materne, delle capacità di prendersi cura, di proteggere, di entrare in sintonia, di rispondere alle difficoltà di un essere indifeso. Tale processo, già avviato al termine dell'adolescenza attraverso l'identificazione più matura con le figure genitoriali e la loro relazione, nella maternità trova la sua conclusione. Il processo di creazione di un'identità paterna e della relazione padre-figlio è, rispetto al binomio madre-figlio, senza dubbio molto più difficile; per l'uomo, infatti, non c'è una base fisiologica alla quale fare riferimento, né il famoso istinto materno che può guidarlo nelle condotte e nei percorsi da seguire. La paternità è qualcosa di costruito, un dato culturale che non trova radici nei mutamenti fisici e come tale, forse, necessita di continue conferme e di riti di passaggio che ne sanciscano i contorni e la peculiarità. Ma tali identità, seppure forti, non possono assorbire le altre, men che meno quella personale.

Prima di proseguire, è opportuno ribadire le linee guida per la somministrazione del test/questionario. La Figura 4 sintetizza il tempo, le modalità e il soggetto che deve trattare questo strumento.

I pazienti compileranno il questionario a casa, come consigliato nelle norme loro consegnate, e separatamente, in modo da poter permettere all'osservatore di valutare se vi sia o meno congruità tra la visione del mondo dell'uomo e quella della donna. All'obiezione che la coppia, in assenza di un tutor di controllo, possa decidere di compilarlo insieme, potremmo rispondere che se anche copiassero le risposte l'uno dall'altra la similitudine dei responsi che ne deriverebbe, peraltro

QUANDO
Al primo colloquio, con o senza visita medica.

COME
La compilazione del questionario va richiesta alla stessa stregua e con la stessa modalità degli altri esami medici e strumentali. È consigliabile introdurlo con parole come: *«La compilazione del questionario, cartaceo o on-line, ci è utile perché conoscervi meglio ci permetterà di attuare il piano terapeutico a voi più adatto. L'esito del questionario, da consegnare al Centro entro 10 giorni, sarà commentato con voi insieme a me o allo psicologo al prossimo nostro incontro».*
Proprio perché nell'etiopatogenesi dell'infertilità le componenti psicologiche e somatiche prospettano una varietà di combinazioni e lasciano scientificamente inspiegabili un certo margine di casi, la richiesta deve'essere fatta con la stessa autorità con cui si richiedono l'esame del liquido seminale, le indagini sull'ovularietà dei cicli, i dosaggi ormonali, le ricerche sulla sterilità di coppia o sulle cause meccaniche dell'infertilità.

CHI
È preferibile che sia il sanitario a consegnare in busta il questionario nelle due versioni maschile e femminile invitando, per eventuali chiarimenti, a leggere subito le istruzioni per la compilazione.

Fig. 4. La somministrazione del test/questionario

facilmente rilevabile a un'attenta lettura, sarebbe già un indicatore di un rapporto di coppia simbiotico e quindi già di per sé problematico. Nella pratica, ad ogni modo, ciò non è mai avvenuto.

Per rispondere alle 90 domande (88 per i maschi) in media è necessaria un'ora (90 minuti per gli stranieri) e, nella nostra esperienza, non sono state rilevate difficoltà alla compilazione anche per persone con titoli di studio di scuola media inferiore. In genere i pazienti si congratulano per la sensibilità mostrata dal Centro e ringraziano il medico per aver loro fornito uno strumento che ha stimolato riflessioni e aperto alternative. È consigliabile, comunque, non fermarsi letteralmente a questo giudizio seduttivo anche perché, dai dati da noi rilevati, i pazienti dicono sempre belle cose del Centro che loro stessi hanno scelto, ma ciò serve più a difendere e a rafforzare la bontà della propria preferenza che a valutare l'effettiva qualità dei servizi che saranno loro prestati. In pratica, a nessuno piace perdere la faccia mettendo in discussione le scelte fatte.

Per il professionista sarà importante ricevere riconoscimenti alla fine e non all'inizio del processo. È condizione fondamentale, pertanto, ricordarsi che il paziente, quando consegna un esame all'esperto, esige giustamente un commento, un esito, una restituzione. Dunque, nel tempo che intercorrerà dalla consegna dei questionari compilati al secondo incontro con i pazienti il Centro di riferimento si dovrà fare carico di analizzarne i dati.

L'analisi dei questionari, sofisticata dal punto di vista docimologico, ma sicuramente non esaustiva ai fini di una profonda conoscenza dei pazienti, è facile da ottenere e si realizza attraverso il test da noi messo a punto, che misura le risposte

A *Punteggio basso*
Il paziente può sostenere l'iter terapeutico anche senza uno spazio di contenimento e supporto psicologico.

B *Punteggio medio*
Il paziente può sostenere l'iter terapeutico se accompagnato da un adeguato contenimento e supporto psicologico.

C *Punteggio alto*
Il paziente sembra non competente a sostenere psicologicamente nell'immediato l'iter terapeutico previsto.

Fig. 5. Profili Big 9

di sole nove domande: 20, 21, 26, 27, 40, 55, 73, 79, 82 ("Big 9"). Nel questionario maschile, costruito con due *item* in meno rispetto a quello femminile, la domanda 55 diventa la numero 53. Poiché il conteggio manuale può risultare complicato, a chi non possiede tempo o predisposizione al calcolo basterà consultare il sito della nostra onlus (www.irpace.org), inserire l'ente di appartenenza, rispondere agli *item* segnalati per avere in nove digitazioni l'esito suddiviso in tre profili. Come si può osservare (Figura 5), i tre profili che si ottengono sono efficaci ma solo orientativi per il clinico. Solo un'analisi più dettagliata permetterà di conoscere i soggetti in studio rispetto a tutte le dimensioni che il questionario indaga, consentendo così all'équipe di calibrare l'intervento migliore e più mirato a ogni singolo paziente.

L'identificazione delle situazioni a rischio permette di selezionare, per ogni singola coppia, l'intervento più appropriato. Mentre per alcuni casi è sufficiente un semplice intervento di sostegno, per altri può rilevarsi opportuno un trattamento psicologico più specifico, come spesso accade nelle coppie con infertilità inspiegata. Appare evidente che una classificazione in basso, medio e alto rischio è comoda ma solo orientativa; solo la lettura completa della coppia dei questionari potrà essere per il ginecologo, lo psicologo e per l'intera équipe materiale idoneo ad acquisire esperienza, conoscere la propria utenza e scegliere il programma d'intervento più adatto. Non essendo questa la sede per poter non tanto leggere, cosa di discreto interesse, ma piuttosto esperire il questionario, procederemo a mostrare e commentare brevemente alcune delle domande.

La domanda 26, propria dell'area medica, indaga alcuni dei riflessi psicosomatici cronologicamente riconducibili alla presunta infertilità. La presenza, in pratica sempre rilevata, di uno o più di questi disturbi svela tanto al medico quanto al paziente non solo l'esistenza del sintomo, rilevabile in ogni caso con un'attenta anamnesi, ma soprattutto la correlazione con l'infertilità.

26. Nell'ultimo anno con che frequenza temporale ha rilevato i seguenti disturbi?

- ❑ Cefalea recidivante
- ❑ Ansia
- ❑ Ipertensione

- ❑ Disturbi della frequenza cardiaca
- ❑ Gastrite
- ❑ Colite
- ❑ Dolori addominali bassi
- ❑ Insonnia
- ❑ Irritabilità
- ❑ Cambiamenti dell'umore

Una volta ridefiniti con l'autorità propria del sanitario, medico o psicologo che sia, i disturbi psicosomatici, alla stessa stregua delle disfunzioni del comportamento sessuale, smetteranno di rivestire l'inquietante dignità di patologia aggiunta e saranno ricondotti al loro significato primitivo, cioè di segnali del corpo che si strutturano per segnalare le difficoltà psicologiche in cui versa il paziente in quel difficile frangente.

Altre volte una domanda come la seguente, proprio perché ha luogo nel qui e ora, abbandona lo scopo riflessivo e punta all'aspetto meramente comportamentale della sessualità, un comportamento deduttivamente importante ai fini procreativi.

Attualmente con quale frequenza ha rapporti sessuali?

- ❑ **A.** tutti i giorni
- ❑ **B.** 2-3 volte alla settimana
- ❑ **C.** 1 volta alla settimana
- ❑ **D.** 1 volta ogni 15 giorni
- ❑ **E.** 1 volta al mese
- ❑ **F.** meno di 1 volta al mese

È ovvio che la risposta può essere utilizzata, oltre che per avere notizie sulla funzionalità del comportamento sessuale, anche per capire come si relaziona il paziente all'interno della coppia o se il suo atteggiamento, una volta avuta una visione d'insieme, non sia un segnalatore di turbe del tono dell'umore da supportare.

Nella domanda 79 le risposte ritenute "fuori norma" vanno confrontate con le variazioni avvenute nel periodo compreso tra il momento in cui il paziente realizza la sua presunta infertilità e il giorno della compilazione del questionario.

79. Da quando affrontate la difficoltà nel procreare, la frequenza dei vostri rapporti sessuali è cambiata?

- ❑ sì, è aumentata
- ❑ sì, è diminuita
- ❑ no, è invariata

La domanda 55, invece, si stacca dal corpo per indagare il mondo immaginario e le aspettative che il paziente investe sulla figura di un ipotetico figlio. In questa maniera si offre al paziente la possibilità di comprendere a fondo che l'idea di un bambino è centrale, e quasi sempre sin troppo, nella sua vita.

55. Qui di seguito è riportata una serie di affermazioni. Esprima per ognuna di esse quanto corrisponde alla sua esperienza utilizzando la scala riportata.

	Mai	Raramente	Spesso	Sempre
A. Mi capita spesso di sognare a occhi aperti come potrebbe essere mio figlio				
B. Mi sento in colpa per non avere ancora un figlio				
C. Il pensiero di un figlio è per me fonte di grande tensione				
D. In fondo penso che la mia vita sia gratificante indipendentemente dal fatto di non avere ancora un figlio				
E. Vorrei tanto dare un nipotino ai miei genitori				
F. Poter avere un figlio è il più grande desiderio che io ho				
G. Provo invidia per le persone che hanno figli				
H. Ho fiducia nel fatto che prima o poi riuscirò ad avere un figlio				
I. Riesco con tranquillità a parlare con gli altri del mio desiderio di avere un figlio				
L. Penso che se seguirò quello che i medici mi diranno di fare un figlio arriverà				
M. Evito di pensare il più possibile al fatto di non avere un figlio				
N. Evito di incontrare coppie che hanno figli				
O. In fondo penso che è inutile accanirsi contro il destino				

L'esigenza di una soluzione in positivo, ora delegata al fato, come nell'affermazione H, ora alla medicina, come nell'affermazione L, è quasi sempre presente nei questionari compilati da coppie alla loro prima esperienza. Pazienti ben preparati o con pregresse esperienze fallimentari, pur continuando a sognare, abbassano il livello del loro investimento sul progetto genitoriale e rispondono "spesso" alle affermazioni A, D, e O.

Da questi piccoli esempi si può comprendere che possono esserci, a prescindere dai profili derivati dal test, diversi livelli di approfondimento nella lettura del questionario. Fare una lettura trasversale e formulare un'ipotesi interpretativa sui singoli e sulle dinamiche di coppia ai fini di calibrare il migliore intervento non è cosa facile; ciò nonostante, un medico predisposto e allenato, sotto la supervisione di uno psicologo, può raggiungere un'alta professionalità come consulente.

6.3 Restituzione e valutazione del test/questionario

Così com'è importante il momento temporale in cui viene fatta la somministrazione, altrettanto lo è quello della restituzione. Ricordiamo che il paziente al quale non viene fornita l'interpretazione del questionario si sente indagato e aggredito più che rispettato, amato e curato. Importante è scegliere anche il momento più opportuno per rendere efficace l'intervento del medico/psicologo, contraccambiando così l'ulteriore azione fiduciaria che il paziente ha fatto compilando il questionario.

QUANDO?
Al momento della diagnosi e definizione del progetto terapeutico.
Contemporaneamente alla valutazione dell'esito degli esami medici.
Il momento della diagnosi deve rappresentare, tanto per l'équipe medica quanto per i pazienti, un momento di chiarezza e di consapevolezza che nasce dall'attento esame e dalla ridefinizione degli esiti strumentali, di laboratorio e psichici. Da questo momento in poi scatterà l'azione vera e propria, pertanto la limpidezza, nonché il ridimensionamento di un eventuale sovrainvestimento delle aspettative di tutti gli attori (équipe e pazienti) saranno la migliore premessa di un contratto terapeutico efficace.

CHI?
La decisione su chi debba restituire il test/questionario ai pazienti è argomento più delicato; anche se in generale è preferibile che sia la stessa persona che lo ha somministrato (prescrizione) a dare la lettura degli esiti (restituzione), nella pratica clinica, considerando le caratteristiche del contesto in cui si agisce, di solito è lo psicologo ad assumersi l'onere di questo compito. Sarà quindi corretto, da parte del ginecologo, anticipare ai pazienti quale sarà la figura professionale designata dal Centro a gestire questa delicata fase.

Se la figura prescelta è lo psicologo, questi avrà la possibilità di incontrare la coppia attraverso i questionari ancor prima di conoscerla fisicamente; tale anticipazione gli permetterà di calibrare l'intervento e di scegliere il linguaggio e le strategie più adatte per affrontare i punti nodali e, se possibile, di dirimerli nell'arco di quei 60 minuti che il *setting* gli permette.

COME?
Una regola generale, cara alla psicologia clinica, specialemente quando si trattano argomenti difficili, è quella di parlare poco.

È opportuno fare una breve sintesi della problematica, del modo in cui la coppia l'ha affrontata fino a quel momento, delle tentate soluzioni precedentemente messe in opera per tentare di risolverla, per poi porsi in ascolto dopo aver formulato domande generiche. Domande come: «Come va, che succede?» ottengono risposte cariche di informazioni importanti. Sarà compito nostro essere di supporto e di conforto attraverso un tono di voce pacato, la capacità di ascolto e il tempo dedicato a rispondere alle domande. È necessario provare a chiarire la situazione, aggiornare i pazienti su quel che sta succedendo, su quali procedure e test sono stati pianificati e quali informazioni ci aspettiamo da questi ultimi. Quando esiste un'opzione sulle possibili soluzioni terapeutiche, sarebbe bene spiegarla ai pazienti, incoraggiandoli a contribuire alla scelta. Se i pazienti hanno già ricevuto il modulo relativo al consenso informato è meglio non dare per scontato che i contenuti siano stati pienamente compresi. Di solito, quando le persone si trovano in condizioni di stress, ascoltano solo una piccola parte delle informazioni che ricevono.

Con questa premessa vorrei sottolineare come modalità e qualità della restituzione possono essere diverse a seconda delle capacità e dell'esperienza di chi le esegue.

Differenzieremo dunque Centri dotati di uno psicologo esperto del settore da Centri che ne sono sprovvisti. È opportuno, nel caso di Centri privi della figura di psicologo-consulente, che il ginecologo si limiti al giudizio di idoneità o non idoneità espresso dall'analisi delle risposte date al test, per evitare la particolare risonanza che le parole assumono quando si parla di psiche.

Se il medico non è sufficientemente competente negli aspetti psicologici, è preferibile che tratti l'esito del questionario come quello di un qualunque esame clinico e ristrutturi al massimo la parte psicosomatica. Con "ristrutturazione" intendo riferirmi alla trasformazione dei significati. Il medico, esattamente come il terapeuta strategico, interpretando i sintomi offre al paziente una nuova visione di quello che succede, ovvero gli propone significati diversi da quelli usualmente condivisi. In gran parte l'intervento strategico consiste nell'aumentare il numero di opzioni, scelte, soluzioni possibili rispetto all'interpretazione della realtà.

Rimanere aderente alla posizione di esperto del soma gli eviterà di incorrere nel rischio di essere vissuto come psicoterapeuta. Fare psicoterapia significa, necessariamente, "manipolare" il paziente che chiede aiuto, influenzandolo verso un cambiamento della struttura psichica tale da modificare il comportamento disfunzionale, fino a quel momento messo in atto, in un atteggiamento più efficiente e adeguato alle necessità emergenti. Per comprendere quanto delicata e complessa sia questa relazione, riporto le parole di Jay Halei[79] a proposito dell'azione intrusiva esercitata già dall'atteggiamento più passivo e meno invadente che un terapeuta possa attuare: «*Viene considerata come una pura e semplice illusione l'idea per cui chi sta seduto con un'espressione distaccata e risponde a monosillabi eviti, in tal modo, di influenzare le decisioni del paziente sulla sua vita*». A questa dinamica, ovviamente, non sfugge neanche il più esperto degli psicoterapeuti; si presume però che egli abbia imparato a gestirla e a incanalarla nel migliore dei modi.

Alla luce di quanto detto, la figura professionale più idonea allo scopo è lo psicologo che abbia anche una specifica competenza sulla teoria delle tecniche rela-

[79] Cfr. Haley J (1991) *La terapia del problem-solving. Nuove strategie per una terapia familiare efficace.* NIS, Roma, pp 30-44.

A	***Punteggio basso*** Giudizio di **idoneità** psicologica.
B	***Punteggio medio*** Giudizio di **idoneità** psicologica, utile ma non essenziale l'invio a uno psicologo esterno per un supporto durante l'iter terapeutico. (P. e.: *può, se vuole, utilizzare la consulenza dello psicologo cui noi stessi come équipe usualmente ci rivolgiamo.)*
C	***Punteggio alto*** Giudizio di **non idoneità** psicologica, utile l'invio a uno psicologo esterno prima di avviare l'iter terapeutico.

Fig. 6. Possibile scenario nei centri senza psicologo nell'équipe di lavoro

tive alla fecondazione assistita e una specifica formazione sulle dinamiche che si sviluppano all'interno delle organizzazioni e tra i pazienti che ruotano intorno all'infertilità. Nella Figura 6 è raffigurato lo scenario possibile nei casi in cui a restituire l'esito del questionario sia il ginecologo.

Come si può vedere, il comportamento non è dissimile da quello ben noto del medico che, allo scopo di approfondire le indagini, invia il proprio paziente a un altro specialista. Come si può ancora osservare, se la figura a occuparsi della restituzione è il medico, già nel caso di un profilo B insorgono problemi di comunicazione che lo psicologo, invece, dovrebbe essere in grado di risolvere nell'*hic et nunc*. A maggior ragione, nel caso di un profilo di tipo C è utile, quando non si hanno competenze specifiche, non emettere diagnosi, né individuare il presunto portatore del disagio psicologico. Il nostro modello, in questo caso, preferisce spostare sulla coppia il problema in atto, che impedisce l'applicazione terapeutica. Una frase cui si potrebbe ricorrere è: «Ci è sembrato che non vi sia pieno accordo tra le vostre posizioni, per cui riteniamo opportuno rimandare l'inizio dell'itinerario terapeutico a una fase successiva a una consulenza presso uno psicologo di vostra/nostra fiducia». Così facendo si ha la possibilità di evitare un'affrettata e inesperta definizione del problema e, non designando quale tra i due pazienti presenti il disagio maggiore, di mantenere equilibrio e coesione all'interno della coppia stessa.

Nei Centri in cui l'équipe di lavoro è completa dello psicologo, è chiaro che sarà questa figura professionale a supportare l'itinerario terapeutico dell'individuo/coppia in caso di profilo B e a decidere se prendere in carico l'individuo/coppia per un percorso terapeutico o se eseguire un invio a uno psichiatra/psicologo esterno al Centro in caso di profilo C.

Per fare un punto sul ruolo delle figure professionali coinvolte fino a questo momento, vediamo che il medico che decide di applicare il nostro modello nel suo contesto lavorativo, di solito il ginecologo, continua a fare il suo lavoro senza modificare lo schema usuale, e tuttavia, familiarizzando con i dati del questionario, acquista sicuramente, in base al tempo che vorrà dedicarvi, una nuova e crescente *expertise*.

Lo psicologo esperto in PMA, professionista a breve obbligatorio all'interno dei Centri, dovrà eseguire il suo lavoro istituzionale e si farà inoltre carico di coordinare costantemente l'intero gruppo di lavoro. Il supervisore, figura auspicabile, è un consulente esterno capace, a richiesta, di venire in aiuto allo psicologo, in occasione di casi clinici difficili, e di analizzare e risolvere disfunzioni all'interno delle agenzie.

Cerchiamo di capire, a questo punto, gli effetti che il questionario produce nel paziente, nel medico e nella relazione medico-paziente.

Parleremo anzitutto del paziente che, tra i due il più vulnerabile, è, per il protocollo SAHARAI, il personaggio chiave al quale rivolgere grande attenzione.

La prima cosa riferita dal paziente, nel momento in cui parla del questionario con il medico, è il benessere derivato dalla compilazione dello stesso. Utile a proposito è chiedere al momento della restituzione: «Come si è sentito/a nel rispondere alle domande del questionario?».

L'immediata sensazione di beneficio deriva dall'azione che il questionario esercita sull'area intrapsichica e dalla cura che il Centro mostra nei confronti del paziente.

Rispondendo alle domande, questi è obbligato a riflettere sul fatto che la diagnosi di infertilità/sterilità produce dinamiche interne capaci di produrre ansia e turbe dell'umore, modificare comportamenti e relazioni e procurare danni al corpo. Innalzando il proprio livello di autocoscienza il paziente non potrà più separarsi della sua patologia, che fino a quel momento aveva tentato di trattare come oggetto rotto da consegnare al tecnico, e tenderà a mantenere l'integrità tra soma e psiche.

Da questo momento in poi l'intero processo, che attraverserà le fasi di diagnosi, prognosi e terapia, e i suoi esiti non saranno più considerati fatti esterni, fintamente resi estranei dalla delega fatta all'inizio del "contratto" terapeutico, ma vissuti in cui il paziente si sente ed è soggetto contemporaneamente osservato e osservante.

Il paziente potrà riflettersi sul questionario e, in quel momento, le domande preconfezionate cesseranno di essere uno standard e assumeranno un significato personale. La consapevolezza che gliene deriverà avrà così influenza sulla sua area relazionale, permettendo di ridurre il disagio con il sociale, migliorare la relazione di coppia e assumere una posizione più propositiva e bilanciata nell'interazione con il medico.

Il test/questionario ha esiti anche sull'area clinico-diagnostica; esso permette infatti al medico di selezionare i pazienti ad alto rischio psicologico, tutelando da un lato l'aspetto medico-legale e dall'altro lato la salute del suo cliente. Individuare i casi in cui le consistenti difese, quali il diniego[80], la rimozione[81], l'attenzione

[80] **Diniego**: rifiuto a conoscere esperienze penose, impulsi, dati di realtà o aspetti di sé. Cfr. Freud S (1977, ed or. 1923) *L'organizzazione genitale infantile*. In: *Opere*, vol. IX. Bollati Boringhieri, Torino.

[81] **Rimozione**: il termine, in questo caso, si riferisce a quella che S. Freud definisce *rimozione secondaria*, ossia la repulsione da parte dell'Io e del Super-io di rappresentazioni incompatibili con le proprie esigenze. La diretta conseguenza è il *ritorno del rimosso*, dove gli elementi rimossi, che non vengono mai soppressi dalla rimozione, tendono a ricomparire in forma deformata tramite i meccanismi dello spostamento, della condensazione e della conversione, assumendo il carattere proprio dei sintomi. Cfr. Galimberti U, *op. cit.*, p 820.

esclusiva verso la meta desiderata portano ad aspettative eccessive, rendendo più difficile affrontare, in seguito, la delusione del fallimento, consente di ridurre il rischio che i pazienti siano sopraffatti dalle loro stesse scelte. È compito peraltro della stessa area sottolineare la presenza di comportamenti sessuali inibenti la procreazione.

Lo strumento in oggetto, attraverso una migliore informazione e un costante sostegno psicologico orientato a elaborare l'ansia e le paure sottostanti, intensifica gli sforzi del clinico nella fase preparatoria del programma di stimolazione ovarica.

Dal punto di vista socio-psicologico questo tipo di strumento sottolinea l'attenzione posta nei confronti dell'utenza e ciò qualifica il Centro che accoglie l'aspetto emotivo-psicologico oltre quello medico e che, offrendo un migliore servizio all'utenza, riduce il *drop-out* dei pazienti.

Il riequilibrio della relazione medico-paziente, così mediato, realizza nella pratica clinica un dialogo nuovo tra corpo e mente, psicologia e medicina; dialogo in cui curato e curante, ognuno per il proprio ruolo, possono esprimersi alla pari su un argomento che interessa entrambi: l'infertilità.

6.4 Il nurse-ring come strumento terapeutico

Il sistema del nurse-ring è uno strumento "cucito" indosso al paziente per assolvere all'esigenza da questi avvertita, come già accennato, di avere una qualche visibilità e un controllo durante la fase dell'azione terapeutica e dei suoi esiti. Tale fase di stallo apparente, fatta di poche azioni ma carica di forti e ansiogene dinamiche interne, trova contenimento nell'effetto, simbolicamente protettivo, che il nurse-ring realizza intorno ai gameti e agli embrioni. Con il termine nurse-ring, nato dalla fusione del termine *nursery* (vivaio) e *ring* (cerchio), è mia intenzione evocare l'immagine del contenitore circolare in cui gli embrioni vengono tenuti in vita durante la fase extracorporea delle PMA.

Il materiale necessario alla realizzazione consiste in due telecamere ambiente, una posizionata all'interno del laboratorio e l'altra fissata all'ottica dello stereomicroscopio. Sarà inoltre necessario dedicare ai pazienti una piccola e confortevole stanza, capace di ospitare una coppia per volta, e fornirla di un monitor che permetta di mostrare le riprese effettuate dalle due telecamere in azione. Sono utili, inoltre, un incubatore a celle singole, o diversi e singoli incubatori a CO_2.

Dal punto di vista metodologico, le singole celle o i singoli incubatori saranno siglati con le iniziali della coppia; in assenza di queste tecnologie si sigleranno le piastre che contengono prima i gameti e poi gli embrioni. Questa semplice operazione, oltre a funzionare da riconoscimento semiotico, rafforza il senso di unicità del materiale biologico e la sua appartenenza. Due semplici sigle utili per rimediare all'intromissione che necessariamente la tecnica fa nel mondo dell'intimo e del privato, e nello stesso tempo realizzare una sorta di battesimo *in fieri.*

Questo piccolo intervento consente di ridurre la paura dello scambio o del furto degli embrioni. Timore poi non così immotivato, come dimostrano le testimonianze di pazienti rilasciate a giornalisti. «*Delle cinquanta donne*», ci riferisce Chiara Valentini, «*che ho intervistato, singolarmente o insieme al loro compagno, quasi la metà mi ha riferito episodi di mala sanità di vario genere, nel privato ma anche nel pubblico*[82]».

Poco importa se tali testimonianze siano vere o frutto dell'immaginario dato che il nostro non è un contesto giuridico. La cosa importante, dal nostro punto di vista, è che esse sono in ogni modo emerse e che pertanto debbano essere accolte.

Dopo il *pick-up* sarà mostrata la registrazione con l'immagine degli ovociti prelevati e a seguire si fisseranno alcuni appuntamenti seriali, in genere alle 16 e alle 48 ore dal prelievo ovocitario, cioè in occasione della prima e della seconda divisione cellulare.

Durante la presentazione del protocollo SAHARAI presso un Centro italiano un biologo obiettò che l'applicazione di tale procedura gli procurava disagio; il suo vissuto era di essere "spiato" all'interno del proprio laboratorio. Gli risposi che certamente ciò da cui si stava difendendo non era la paura del giudizio sul suo operato, essendo egli un biologo di chiara e meritata fama, ma di quello sulle scelte biologiche che ogni operatore del settore effettua in scienza e coscienza nel segreto del suo lavoro. In realtà, il timore mostrato dal biologo non era frutto di un infondato accesso di paranoia, ma aveva fondamenta condivisibili sulle quali mi pare opportuno aprire uno spaccato.

La legge italiana dice – come se si potesse legiferare sul modo in cui un soggetto risponde all'uso di un farmaco – che non si possono produrre più di tre embrioni e quindi non più di tre ovociti. La scelta di tre embrioni, come ci suggerisce Gianaroli, pare anacronistica: in tutto il mondo si cerca di produrre più embrioni possibili per scegliere quelli con maggiore possibilità di impiantarsi e noi invece siamo legati a questo assurdo numero tre[83].

Una volta ottenute le cellule uova, queste vanno messe a contatto con i gameti maschili e, nel caso in cui esse si fecondino tutte, è obbligo trasferire tutti gli embrioni a prescindere dalla loro qualità biologica. Nella realtà clinica, è frequente che si ottengano più di tre ovociti; congelarli non è possibile[84], gettarli nemmeno, metterli tutti a contatto con gli spermatozoi correndo il rischio che si fecondino tutti impossibile perché in Italia è illegale, ed ecco che il tecnico si ritrova avviluppato in una difficile *impasse*. Per uscire da questa trappola non resta che fare una inoculazione intracitoplasmatica della testa di tre spermatozoi in soli tre ovociti. Operando in tal maniera si opta per una scelta quantitativa ma, nello stesso tempo, si opererà una scelta qualitativa dei gameti maschili e femminili che il biologo ritiene idonei allo scopo. Tale scelta, seppur realizzata in base a criteri biologici, non può essere altro che soggettiva e in tal senso non potrà che creare un notevole carico di responsabilità in chi la compie. In tale maniera si opterà verso la ICSI come scelta strategica e non per le specifiche indicazioni per cui è stata messa a punto; ciò può spiegare, e in qualche modo giustificare, l'uso sovradimensionato della tecnica.

A suffragio dell'ipotesi che la scelta segua criteri soggettivi e psicologici, basti pensare che l'incremento di utilizzo della ICSI non è soltanto effetto della Legge 40

---

82 Cfr. Valentini C, *op. cit.*, pp 101-102.

83 Cfr. ivi, p 151.

84 Anche se si aprisse un varco riguardo la crioconservazione, va ricordato che, in atto, la conservazione in azoto liquido riduce notevolmente la percentuale di attecchimento in utero.

ma, come abbiamo visto nelle tabelle iniziali, era già presente in epoca a essa antecedente. L'altra eventualità che può verificarsi è che il biologo si trovi di fronte a un'evidente malformazione cromosomica, per esempio un patrimonio cromosomico triploide, e che debba operare una scelta: se eliminare quel prodotto biologico, come vorrebbe il buon senso, o continuare con il trasferimento in utero, secondo i dettami della legge.

La proposta del nurse-ring è condividere la più che comprensibile ansia vissuta dal biologo quando opera una scelta e quindi un controllo che coinvolge altri destini. Così si esprime a tale proposito J. Habermas[85], grande figura del panorama della bioetica: «*Questo controllo premeditato sulla qualità mette in gioco un aspetto inedito: la strumentalizzazione di una vita umana – generata con riserva – rispetto alle preferenze e agli orientamenti di valore nutriti da terzi*». È vero che un giorno anche i figli potrebbero chiedere, specialmente in caso di ICSI, conto e ragione al loro "creatore" (in Italia, ne avrebbero ben donde per chiederlo anche al legislatore) rispetto alla loro disposizione biologica ma, proprio perché questi non possono ancora parlare, in questa fase ci pare opportuno il coinvolgimento di tutti gli attori pensanti, distribuendo le responsabilità delle scelte tra i conduttori e il padre e la madre di tale genoma.

Lo stesso professionista che poco prima si sentiva spiato, nell'estremo tentativo di difendere il suo sacrario, aggiunse che trovava inutile mostrare agli ipotetici genitori gli embrioni, essendo questi esseri indeterminati e morfologicamente non differenziabili da altri.

Non volli in quella sede affrontare la tanto invisibile quanto indiscutibile unicità che caratterizza ogni singolo embrione e preferii fare un esempio. Gli chiesi: «Immagina di vedere dal vivo o in un documentario la scena di una donna, chiaramente impegnata nell'atto di partorire ma non identificabile a causa di teli a cui, per garantire la sterilità, coprono il viso e parte del corpo. Proveresti forse la stessa emozione se la madre e il bambino fossero due estranei o si trattasse di tua moglie e tuo figlio?». Finalmente lo zittii.

Ci occuperemo in questa fase di analizzare le conseguenze del nurse-ring sui vissuti espliciti, intendendo con questo termine quelli più esteriori e consapevoli, e su quelli impliciti, cioè più sommersi e spesso inconsci, dei pazienti come dell'intera équipe.

Il paziente, grazie all'offerta delle immagini in tempo reale di ciò che accade, avrà visibilità e controllo su ogni fase e questo, come già detto, lo porrà in situazione paritaria rispetto all'équipe. Guardando ciò che accade egli arriva a possedere, anche se da incompetente, la processualità della terapia. È un po' quello che accade allo spettatore di un film che non necessariamente si intende di sceneggiatura, tecnica di regia e post-produzione: ciò malgrado, nulla gli impedisce di comprendere perfettamente la struttura della trama. Questo apprendimento consente infatti al paziente di valutare direttamente e ulteriormente la professionalità dell'équipe, così come lo spettatore fa nei confronti della regia e degli attori. L'intensa partecipazione emotiva, già iniziata rispondendo al questionario, vissuta in prima fila da pazienti uniti in un progetto comune, rafforza inoltre il legame di coppia.

---

85 Cfr. Habermas J (2002) *Il futuro della natura umana. I rischi di una genetica liberale.* Einaudi, Torino.

Ma i pazienti non sono solo spettatori comuni bensì produttori e nello stesso tempo attori principali, di importanza fondamentale almeno quanto quella dei tecnici che si occupano della processualità dell'azione. Il cambiamento di punto di vista, da osservato a osservatore, riduce la falsa immagine del sanitario-demiurgo che i pazienti si erano fatta quando potevano essere solo auditori del fenomeno.

Il loro ingresso nel processo come parte attiva concede loro di vedere l'équipe per quello che è: un gruppo di professionisti iper-specializzati in possesso di una tecnica.

Vi è un livello più sommerso del nurse-ring di cui beneficia il paziente nel divenire più consapevole di ciò che gli accade intorno. Egli infatti, sebbene privato del potere di procreare attraverso un naturale rapporto sessuale, può leggere la tecnologia come evento il più vicino possibile alla natura.

La tecnologia prende spunto dalla natura e di essa si avvale; la tecnica, almeno fino ad ora, non crea ma copia e prende spunto da copioni esistenti fin dall'origine dell'uomo; il suo compito è di prelevare gli ovociti, metterli a contatto con i gameti maschili e custodire per qualche ora gli embrioni. Vista così è più accettabile, più umanizzata; il paziente comprende, partecipa, non si sente un alieno deprivato in mano a esperti, affascinanti e misteriosi scienziati, ma è uomo in mezzo a uomini.

Si potrebbe obiettare che anche in natura nulla è visibile. In questo caso, però, la vista è sostituita dall'affidamento totale a un antico modo di procreare che ha sostenuto l'umanità fino a oggi; forti di questo paradigma tutto avviene nell'intimità di un rapporto e la speranza della continuazione della specie viene depositata e affidata all'interno di un viscere desiderato e spesso amato.

Chi, suo malgrado, è privato di questo atto fiduciario e di donazione reciproca, può trovare consolazione in una forma visibile e condivisibile, qualcosa che lo stacchi da un inquietante immaginario e dia corpo alla virtualità della copula che sta vivendo.

La piccola stanza in cui scorrono le immagini, in qualche maniera, simboleggia l'utero attraverso il quale si può entrare in relazione con il progetto di vita della coppia. Lo spazio li contiene e restituisce loro una dimensione d'intimità nonostante lo sviluppo embrionale sia, in quel momento, esterno al loro corpo.

Le immagini degli embrioni, dei propri embrioni, consolano, scorrono sullo schermo e vengono custodite dagli occhi e dall'anima prima ancora di essere consegnate all'utero che non ha avuto la fortuna di accoglierli fin dall'inizio. Niente a che vedere con le immagini che la fetoscopia e Lennart Nilson ci permisero di vedere sulle copertine di "Life" nel 1965; quelle immagini penetrano, svelano, colgono la donna nel momento della sua massima intimità, nutrono l'aspetto voyeuristico di uomini e scienziati. Vedere permette di accettare, seppure come un lutto, anche l'eventuale esito negativo.

A chi obietta ricordando l'impatto traumatico contenuto nell'assistere alla morte dal vivo voglio ricordare quanto più devastante sia il vissuto di chi perde una persona cara senza avere la possibilità di vederne almeno il corpo senza vita. Utile, a tale proposito, è la reazione alla proposta fatta dal Ministro della Salute italiano G. Sirchia di trasferire tutti gli embrioni congelati in un unico Centro a Milano. Furibondi i pazienti all'idea di dover trasferire gli embrioni in un luogo che non avevano scelto, quasi sempre lontano da dove abitavano; furibondi i medici, che si sentivano sospettati di incapacità professionale. Si è ripiegato allora sulla scelta di portare a Milano solo gli embrioni senza famiglia[86]. L'accettazione della perdita è di per sé difficile. Nella società esistono rituali per fronteggiare la più grande delle perdite, la morte, che consentono di adattarci a essa, ma non esistono rituali per trattare la perdita di sogni e di possibilità future quale può essere il sogno di avere un bambino. Basti pensare al dolore che non trova pace delle madri riunite in Plaza Cinco de Mayo per invocare le spoglie dei figli scomparsi. La realtà, per quanto sia brutta, è sempre più accettabile dell'immaginazione. Vedere, comprendere, condividere pongono un argine alla depressione da fallimento e diventano terapia.

L'esperienza fatta si trasforma in competenza che, insieme al beneficio generato dalla compilazione del questionario, permette di affrontare un'ulteriore/altra possibilità. Tenere unita la coppia nell'intimità del proprio progetto diventa risorsa fondamentale nelle due settimane di attesa che intercorrono dal transfer al test di gravidanza. È il periodo in cui le donne interrogano il proprio corpo alla ricerca di segnali precoci di successo. La paura maggiore consiste in quella di perdere gli embrioni trasferiti e forse impiantati; sono due settimane di vita sospesa che trovano contenimento nel sostegno che ognuno dà all'altro e nelle acquisite capacità di affrontare le avversità.

L'équipe, parte coinvolta a più livelli, non rimane immune dagli effetti generati dall'applicazione degli strumenti; quel che immediatamente il gruppo percepisce è che sta sperimentando una nuova dimensione dei singoli ruoli e ciò gli permette di esprimere maggiore chiarezza sulle singole responsabilità professionali.

La fase terapeutica è quella in cui i pazienti vogliono risposte dai tecnici del corpo, biologo e ginecologo, e rifiutano interventi contenitivi o men che meno consolatori. Nelle attese che li separano dagli esiti desiderano risposte quantitative e qualitative sullo stato del/degli embrioni e, in questo caso, gli interlocutori non possono essere altro che i tecnici. Interlocutori questi che conoscono bene i limiti delle loro procedure e l'imprevedibilità degli eventi. Come rispondere con queste premesse alle domande e alle ansie dei pazienti? Come gestire le proprie difficoltà? Come fare non potendole neanche delegare al tecnico della psiche accettato dai pazienti, in questa fase, solo in seconda battuta? In realtà non vi sono soluzioni; a tale complessità l'unica possibilità è rispondere svelando lo svelabile, definendo tempo e spazio in cui accadono le tappe terapeutiche, condividendo con la coppia ciò che accade. Questo è il compito che si è posto IRPACE generando il nurse-ring, accendere la cinepresa e vivere gli avvenimenti: nient'altro. Forse, così facendo, medico e biologo possono perdere mistero o status ma sicuramente ne guadagneranno in equilibrio psico-fisico. Proteggere professioni a rischio è fondamentale quanto aiutare i pazienti; perdere professionisti cresciuti nello studio e nell'esperienza è una perdita sociale troppo onerosa.

Accogliere il problema insieme ai pazienti e al gruppo di lavoro evita il rischio che l'intero carico emotivo ricada su un solo membro dell'équipe, come oggi accade. Ogni paziente, ogni coppia, agli occhi del medico cessa di far parte di una "bat-

[86] Cfr. Valentini C, *op. cit.*, p 157.

teria" di esseri umani, affetti da problemi d'infertilità, da gestire con la massima cura tecnologica. Accolto nella giusta cornice, ciascuno di loro ridiventerà soggetto, unico e irripetibile; la sua storia, il suo cambiamento saranno per l'équipe prezioso materiale di apprendimento. Il medico non percepirà l'aggressività dei propri clienti, non avvertirà immotivati sensi di colpa per risultati che travalicano le possibilità tecnologiche e professionali, non si sentirà frustrato e disarmato di fronte al dolore del paziente, non avrà bisogno di produrre *burn-out*. Senza accorgersene, acquisirà una competenza nuova: diventerà un consulente riflessivo. Una capacità che non può avvalersi di modelli teorici per essere acquisita, un'abilità che si nutre solo della pluralità dell'esperienza e, quando questo modo di essere sarà assimilato, non interesserà solo il professionista ma l'uomo in tutti i suoi contesti sociali e relazionali.

7. Vantaggi a stare/vantaggi a cambiare

7.1 Il medico e il cambiamento

Prima di arrivare alle conclusioni di questo lavoro vorrei fare un bilancio sui ben noti vantaggi di rimanere fermi nel modello lavorativo conosciuto e sugli ipotetici vantaggi derivabili dall'affrontare una nuova epistemologia. Affrontare il nuovo richiede sempre una certa fatica ed è ovvio che nessuna azione faticosa venga avviata se non si avverte l'esistenza di un buon motivo per farlo; nel nostro caso, il "buon motivo" è il riconoscimento del fatto che esiste un problema. Per noi il problema nucleare è la gestione del fallimento in PMA. Partendo da questo, per far sì che il nostro protocollo ottenesse buoni risultati, abbiamo preso in esame la situazione sociale che lo ha generato, abbiamo individuato i modelli relazionali da cambiare e abbiamo costruito una combinazione di procedure sperimentate e di tecniche innovative. Tuttavia, le soluzioni proposte, le esperienze fatte, i dati raccolti diventano materiale inutile senza il riconoscimento del problema da parte del medico.

L'esistenza di una difficoltà nella relazione medico-paziente, specie quando le probabilità di insuccesso sono alte, è fatto noto da tempo e in questo senso si sono avviati, come tentate soluzioni, modelli relazionali spontanei come quello paternalistico o più o meno sofisticati e indiretti come il consenso informato. Entrambi, nel tempo, sono falliti e a tal proposito possiamo dire che i problemi si sono mantenuti come nodi e punti morti a causa di un trattamento errato delle difficoltà. Il nostro modello d'intervento, di tipo dialogico, richiede un cambiamento nell'atteggiamento e uno nel comportamento, tanto per il paziente quanto per il sanitario. Tale mutazione non richiede di accettare o peggio di subire un rigido modello, ma di essere aperti a un continuo apprendimento generato proprio dal contesto in cui chi apprende lavora. Di rigido, nel nostro approccio, vi sono solo le linee guida e l'etica, condizioni fondamentali per la sua riuscita. Se le prime possono essere messe in discussione, laddove necessario, rispetto all'etica avverto grande resistenza a negoziare la visione democratica che questo protocollo possiede.

I due schemi riportati qui di seguito, dedicati uno al medico (Fig. 7) e l'altro al paziente (Fig. 8), ribadiscono e chiariscono le posizioni dei conservatori e quelle degli innovatori. Il sentimento provato da chi si avvicina a un cambiamento è simile a quello di chi si trova di fronte a un foglio bianco.

La natura cruciale del cambiamento, e di ogni cambiamento, piccolo o grande che sia, si coglie molto bene in una serie di osservazioni fatte da autori come John Dewey, il quale già nel 1896 affermava che il cambiamento provoca conseguenze non solo sui sistemi sociali e sui dettagli, ma anche sul modo di concepire e di dirigere il cambiamento, indicando sin da allora la bidimensionalità del problema e la sua contraddittorietà. A. Toffler[87] nel 1970 ha così precisato: «*C'è una concreta forza che fruga dentro le nostre vite personali, che ci spinge ad agire nuovi ruoli e ci mette di fronte al pericolo di una nuova, forte e crescente malattia psichica. Questa nuova malattia può essere chiamata "lo shock del futuro" e la conoscenza delle sue origini e dei suoi sistemi permette di spiegare molte cose che altrimenti sfuggono a un'analisi razionale*». R. Golembiewski[88], nel 1972, ha parlato di futuro come caleidoscopio, affermando che si parla di futuro come di "qualcosa che potrà accadere" e non "che probabilmente accadrà", cioè come di qualcosa contraddittorio su un piano qualitativo, e non probabilistico quantitativamente. H.A. Hornstein[89], in una bella raccolta di contributi, ha sottolineato come tutti gli interventi sociali abbiano lo stesso scopo finale: alterare il comportamento e il funzionamento di un sistema sociale, il che significa proporne un altro e trovarsi nella contraddizione di dover cambiare il proprio ruolo da innovatore a conservatore nel momento in cui, per fortuna o per caso, il vecchio sistema sociale fosse saltato e avesse avuto origine il nuovo sistema. La strategia del cambiamento suggerita da K. Lewin[90] nel 1948, applicata poi nei T-group[91] e ripresa nel 1965 da R. Shepard, comprende tre fasi: *unfreezing* (disgelo: mettere in evidenza le situazioni sulle quali bisogna intervenire), *changing* (produzione di cambiamento: modificazione dei vecchi valori con i nuovi valori) e *refreezing* (ricongelamento del cambiamento: quando si lavora in un contesto territoriale, per esempio, si deve produrre un cambiamento, ma nello stesso tempo bisogna fare in modo che tale cambiamento diventi dinamico e non statico).

---

87 Cfr. Toffler A (1987) *La terza ondata*. Sperling & Kupfer, Milano, pp 49-70.

88 Cfr. Spaltro E, de Vito Piscicelli P (1990) *Psicologia delle organizzazioni*. NIS, Roma, pp 92-103.

89 Cfr. Hornstein HA et al. (a cura di) (1971) *Social intervention: a behavioral science approach*. Free Press, New York.

90 Cfr. Lewin K (1972) *Teoria e sperimentazione in psicologia sociale*. Il Mulino, Bologna, pp 138-171.

91 **T-group**: la tecnica del T-group (*training group*) fu ideata da Kurt Lewin nel 1947 e praticata per la prima volta nello stesso anno in Inghilterra dai suoi allievi Benne, Bradford e Lippit ai quali si deve la messa a punto del metodo presso il National Training Laboratory in Group Development, negli Stati Uniti. Il T-group si è rapidamente diffuso dall'Europa agli Stati Uniti come tecnica di cambiamento e il suo utilizzo si è esteso ben oltre l'ambito clinico. Soprattutto grazie al contributo della sociopsicologia francese, il T-group è diventato una metodologia fondamentale nella formazione degli adulti alla leadership, alla comunicazione, al lavoro di gruppo, alla gestione e costruzione delle relazioni (Rotondi, 2000) e del benessere. La tecnica dei T-group è oggi un'autentica e articolata tecnologia dei piccoli gruppi e del cambiamento generativo, utilizzata per sviluppare competenze trasversali e relazioni interpersonali efficaci nell'addestramento di psicologi, psicoterapeuti, formatori, manager ed esperti in risorse umane. Secondo Spaltro (1993), il T-group «*Aiuta a prendere delle decisioni migliori e a sviluppare teorie in direzioni nuove*», « *... permette di aumentare al massimo le capacità umane e l'abitudine al lavoro di gruppo*».
La denominazione classica, *training group*, riguarda la finalità, che è l'addestramento del gruppo e dell'individuo in gruppo alle relazioni interpersonali e alla conoscenza delle strategie comunicative principali attuate dai singoli e dalla Gestalt multipersonale a cui partecipano. La denominazione di *sensitivity group* indica la centralità delle emozioni e della sensibilità interpersonale. L'espressione individuale e gruppale delle emozioni è nei T-group il principale veicolo di cambiamento e di consapevolezza. In breve, è possibile affermare che il T-group ha lo scopo di favorire il cambiamento mediante la destrutturazione delle abitudini organizzative relative alla gestione del potere (e quindi della comunicazione, dei ruoli, del conflitto ecc.). Cfr. Secci EM (2003) *Il T-group nella formazione strategica*. In: Appunti sparsi. Periodico Trimestrale del Centro Alcologico di Carbonia, Cagliari. N. 3, pp 13-20.

Vantaggi a stare	• Evitare la lunga fatica di affrontare il cambiamento (modo di lavorare, modo di pensare il lavoro) • Mantenere il potere che il proprio ruolo gli concede • Evitare sgradevoli confronti • Mantenere l'abitudine
Vantaggi a cambiare	• Acquisire nel tempo nuove competenze (come persona e come professionista) • Alleggerire il carico di responsabilità (sono responsabile della qualità e non degli esiti del mio lavoro) • Arricchirsi attraverso le relazioni con i pazienti, uniche e irripetibili

Fig. 7. Medico e approccio psicologico

Ciò non si può certo risolvere intuitivamente affermando che le tre fasi sono successive nel tempo. Non è nemmeno risolvibile in termini di allenamento all'esercizio della contraddizione e della conflittualità. Abbiamo sempre dentro di noi tutti e tre gli atteggiamenti. Quello della tendenza ad alterare il comportamento e il funzionamento di un sistema sociale che ci sta stretto per obiettive condizioni e per definizione, ma anche quello tendente a ricongelare il tutto, a bloccarlo in una situazione di privilegio reale o da noi percepita come tale. L'organizzazione del cambiamento non è un problema organizzativo, perché è l'organizzazione stessa, continuamente sottoposta a processi di cambiamento e come tale pluralistica, a essere costantemente alternativa. L'organizzazione è il modo in cui la pluralità umana strutturata e finalizzata cambia se stessa o subisce il cambiamento che le viene imposto[92].

Proviamo a sintetizzare quali sono i vantaggi a stare e quali i vantaggi a cambiare per il medico, per poi farne un commento (Fig. 7).

La difficoltà ad affrontare il cambiamento porta inevitabilmente a una conflittualità difficile da gestire. Esso richiede infatti la conoscenza profonda della struttura logico-affettiva da cui si proviene e di quella nella cui direzione si tende ad andare. Anche quando si riesce bene a navigare tra questi due aspetti, presentati in maniera dualistica anche nello schema, subentra però un ulteriore ostacolo al cambiamento. Parlo della paura che prova chi effettua il cambiamento di sentirsi alieno, solo, in minoranza rispetto a chi sta legato alle posizioni più consuete anche se oggettivamente disfunzionali.

Questa paura di solito scompare quando si lavora in un gruppo, come avviene durante i seminari intensivi; in tale contesto, una buona conduzione consente di raccogliere le istanze di chi si pone nello stare e chi nel cambiare, stimola l'insorgenza delle problematiche e la costruzione dei cambiamenti. La condivisione, la socializzazione, il confronto autorizzano il singolo, intimorito da una scelta troppo solitaria, non solo ad accettare ma spesso a proporre importanti azioni inno-

92 Cfr. Spaltro E, de Vito Piscicelli P, *op. cit.*, pp 28-29.

vative. All'interno del gruppo di formazione il conflitto cessa di essere una rete dalle cui maglie è difficile districarsi e diventa una risorsa capace di ben definire ciò che è giusto da ciò che va male, di aumentare la coscienza dei ruoli, di mostrare come i conflitti intrapersonali influenzano quelli interpersonali e viceversa.

Muovo da questa osservazione per dire che questo libro, privato delle dinamiche di gruppo, difficilmente da solo può produrre cambiamenti. I vantaggi a stare e i vantaggi a cambiare, che nel precedente schema si potrebbero tradurre in una banale forma algebrica: tre aspetti favorevoli al cambiamento contro quattro riflessioni che, per timore del nuovo, sembrano privilegiare una stasi. Quattro punti positivi contro tre negativi diventano all'interno del seminario quasi l'atto conclusivo di una complessa negoziazione. Le parti che frequentano il seminario SAHARAI – ginecologi, biologi, psicologi e spesso anche rappresentanti di industrie farmaceutiche – sono spesso, reciprocamente, controparti, i linguaggi sono poco comprensibili tra loro, i punti di osservazione differenti, le esigenze spazio-temporali divergenti. Il grado di coesione tra parti e controparti è dunque sempre da definire; la stessa cosa, anche se in minor misura, accade per il numero dei problemi coinvolti nel negoziato e qualche volta persino per gli obiettivi strutturali.

Dicono Spaltro e Piscicelli[93]: «*Il clima negoziale è dinamico e non statico, si può costruire o distruggere, migliorare o peggiorare, arricchire o impoverire, nel senso della sua influenza sulle relazioni negoziali. Le variabili oggettive o soggettive forniscono la base per la storia negoziale, ma l'evoluzione dipende dall'interazione*». In un sondaggio telefonico da noi condotto nel 2000, l'80% dei medici si dichiarava scettico nei confronti della disciplina psicologica; oggi questo dato risulta sensibilmente diminuito, anche se sono ancora molti i medici a non aver preso in considerazione che "esiste" un problema di natura psicologica che si determina tra gli stessi operatori del settore.

7.2 Il paziente e il cambiamento

Proviamo ora a vedere come i pazienti affrontano lo stesso problema (Fig. 8). È ovvio che, in questo caso, il cambiamento non coinvolge l'ordine precostituito di una struttura mentale e organizzativa come quella sanitaria, ma interviene a modificare solo l'atteggiamento culturale che porta il paziente a vedere nel medico l'unico responsabile della guarigione o del persistere della sua malattia.

Il paziente si trova in una posizione troppo svantaggiata per non accogliere positivamente la proposta di cambiamento fattagli dal Centro. Egli sa per istinto ciò che è bene per lui, perché riconosce lo stato di bisogno molto meglio di quanto accade al medico, il cui stato di necessità è occultato dalla posizione di potere in cui generalmente si trova. Basta guardare lo schema per vedere che per il paziente la posizione stare/cambiare è numericamente sbilanciata verso il cambiare. La sua scelta, però, va accompagnata con delicatezza. Il paziente, diversamente dal medico, non ha avuto il privilegio di una precisa formazione che lo supporti nella scelta, in qualche maniera ha poche possibilità di negoziazione, ancora una volta

---

93 Cfr. Spaltro E, de Vito Piscicelli P, *op. cit.*, pp 72-81.

Vantaggi a stare	• Non riflettere, delegare • Non esporre altre parti deboli di sé
Vantaggi a cambiare	• Consapevolezza delle conseguenze del proprio stato • Acquisire nuove competenze per affrontare gli esiti terapeutici • Sviluppare soluzioni "altre"

Fig. 8. Paziente e approccio psicologico

subisce scelte fatte per lui.

Il nostro obiettivo principale è il benessere tanto del paziente quanto del medico e con entrambi abbiamo cercato di co-costruire il progetto; così, all'inizio del nostro lavoro, abbiamo realizzato alcuni brevi questionari e strutturato interviste nell'intento di trovare soluzioni alle problematiche insorte. Una delle prime cose rilevate sulle dinamiche dei pazienti in attesa di sottoporsi a tecniche di PMA fu che il 90% di loro rifiutava la psicoterapia mentre il 95% avrebbe desiderato un supporto psicologico. Quest'apparente incongruenza ha origine da un'esigenza ben precisa del paziente: quella di non trovarsi vulnerabile per ben due volte; la prima, nel momento in cui espone il corpo imperfetto al vaglio della diagnosi e all'azione della terapia, e la seconda volta quando, durante la psicoterapia, scopre una parte ancora più intima di sé. Egli, esprimendo questo paradosso, riconosce che oltre al corpo anche la sua psiche è impegnata in un faticoso itinerario, ma desidera che almeno la parte psicologica non sia considerata come malata. Il paziente, stanco di essere trattato frettolosamente, spesso alla stregua di una gallina da allevamento, sente il bisogno di un approccio diverso e chiede che ciò sia fatto con delicatezza.

Il questionario, affrontato nello stesso modo di un qualsiasi esame preliminare, compilato nell'intimità del proprio domicilio, riesce a essere per il paziente la chiave di accesso al suo mondo psichico, senza sentirsi "frugare dentro". In questa maniera, nella pratica applicativa, abbiamo risolto l'apparente contraddizione che risiede nell'esito dell'intervista sopra citata.

Prima di iniziare lo studio multicentrico abbiamo potuto valutare gli obiettivi raggiunti con il protocollo SAHARAI nella fase sperimentale di I livello.

L'effetto positivo del protocollo sulle organizzazioni (Centri di PMA) nella sua forma più macroscopica si può sintetizzare in quattro punti principali:

- riduzione dei rischi medico-legali
- riduzione della migrazione dei pazienti da un Centro a un altro
- miglioramento della qualità del lavoro (riduzione del *burn-out*)
- aumento del numero degli esiti positivi

In merito a quest'ultimo punto, abbiamo osservato un aumento del numero di gravidanze spontanee nelle coppie con diagnosi di infertilità inspiegata trattate con il nostro protocollo nei 10 mesi successivi a quando si erano sottoposte a una tecnica di fecondazione assistita. Su questa osservazione non possiamo dire nulla, ma limitarci a ipotizzare che la maggiore consapevolezza e la serenità da essa derivanti possano influenzare un comportamento sessuale più "normale".

Anche i singoli professionisti del settore – ginecologo, andrologo, endocrinologo, biologo, psicologo – ne hanno tratto un beneficio personale quasi immediato, anche nei casi in cui è stato introdotto il solo questionario. La semplice sgrigliatura delle nove domande utili per avere una risposta dal test ha permesso loro di escludere la presenza di patologie psichiatriche conclamate e di conoscere, in linea generale, l'entità delle risorse spontanee che il paziente può impegnare nell'iter terapeutico. La lettura più approfondita dei questionari ha arricchito il sapere esistente e dischiuso aspetti inediti dei comportamenti e delle reazioni degli individui e della coppia.

Certamente sarebbe auspicabile avvalersi delle tante e apprezzate pubblicazioni sugli aspetti intrapsichici, comportamentali e relazionali che caratterizzano la coppia sterile o infertile, ma la loro lettura, soprattutto da parte di persone che non fanno clinica psicologica, non potrebbe in ogni caso esaurire il compito formativo. Quando parlo di aspetti inediti parlo di aspetti emotivi legati all'esperienza sul campo, senza la quale l'apprendimento sarebbe quasi didascalico. L'esperienza clinica, oltre a essere formazione permanente, più che semplice informazione, si estende al di là degli aspetti psicologici e allarga la conoscenza in ambiti antropologici, sociologici, organizzativi ed economici.

Il coinvolgimento dell'intera équipe nel progetto comune, le riunioni collegiali centrate sulle esigenze dei pazienti e dello stesso gruppo di lavoro, permettono inoltre di ridistribuire le responsabilità consentendo lo svolgimento di un lavoro più sereno. L'apprendimento stimola già in sé un diverso pensiero verso l'acquisizione di una nuova competenza professionale, che può sintetizzarsi nel concetto di "imparare a imparare". «*Non è necessario imparare qualcosa di specifico, si possono imparare atteggiamenti, sentimenti, motivazioni o paure: si può imparare a imparare. Noi abbiamo spesso sperato di essere onnipotenti. Quando eravamo bambini credevamo nella magia e cercavamo di vedere se guardando gli oggetti riuscivamo a farli muovere a distanza: ciò era un apprendimento aspecifico, un'espressione del desiderio di onnipotenza infantile, spesso sopravvissuta nella mentalità di ognuno di noi. Da bambini spesso si sogna di essere onnipotenti; e anche gli organizzatori hanno nei secoli seguito la loro motivazione onnipotente e infantile. Oggi la situazione è mutata e apprendere l'organizzazione significa essenzialmente agire con le relazioni. Un tempo occorreva imparare prima di fare, oggi si può fare per imparare; nell'apprendimento dell'organizzazione oggi il massimo dell'impotenza si ottiene ponendo l'imparare prima del fare, non riuscendo a far nulla senza averlo prima imparato … Apprendere è una conquista insita in ogni uomo. Apprendere si può ottenere facendo e non di necessità qualcosa di specifico*[94]».

L'équipe, esperta in tecniche di riproduzione medico assistita e in processi e relazioni umane, ha raggiunto, nella nostra esperienza, il suo vero obiettivo quando è stata capace di stimolare nella coppia un'elaborazione adeguata e costruttiva della propria condizione di sterilità/infertilità. Quest'ultimo sapere, quasi impossibile da insegnare ma non difficile da imparare, consentirà di aiutare la coppia nella separazione del senso d'identità personale da quello di maternità/paternità e avrà la competenza per ridefinire le reazioni psicologiche, psicosomatiche e sessuali evocate dall'infertilità, indirizzando i pazienti verso la riscoperta di una sessualità mirata all'intimità di coppia. Ciò che avviene è che la coppia, sostenuta

[94] Cfr. Spaltro E, de Vito Piscicelli P, *op. cit.*, pp 28-35.

durante l'iter terapeutico, diviene più consapevole delle difficoltà da affrontare e le condivide con l'équipe, diventando a sua volta sostegno per il gruppo di lavoro.

Ciò che abbiamo potuto sperimentare insieme ai pazienti nell'applicare il protocollo può essere sintetizzato nei punti sottostanti.

- Poiché avvertono fin dall'inizio accoglienza e contenimento del loro senso d'inadeguatezza, essi hanno ridotto l'alto livello di stress dovuto agli esami medici ed evitato così l'innescarsi del distruttivo processo di autosvalutazione (depressione, ansia ecc.).
- Appena intuito il grado di invasività che la diagnosi di infertilità ha nella loro vita interpersonale e relazionale si sono rapidamente ridotte le preesistenti difficoltà sessuali e l'emergenza di nuovi sintomi.
- Le coppie si sono mantenute unite nel progetto comune, riuscendo così a gestire meglio gli inevitabili fallimenti e a indirizzare le proprie risorse verso altro (adozione, motivazione a vivere in coppia senza figli).

8. La relazione medico-paziente: un nuovo dialogo

8.1 Modelli di consulenza

Nel corso di questa disamina più volte si è parlato di acquisizione di nuove competenze da parte degli esperti che si occupano di PMA; il nostro obiettivo più alto è per l'appunto questo: trasformare l'esperto d'organo in consulente di processo. Sebbene, come vedremo, il consulente di processo raggiunga la massima efficacia quando questi si trova al di fuori dell'istituzione, acquisire il suo modo di pensare e di agire rende sempre meno frequente il ricorso al supervisore esterno.

Prima di scendere nel dettaglio, tuttavia, vorrei definire quel che si intende per "relazione di consulenza". La consulenza è una relazione di aiuto che si attua in un arco di tempo limitato e il cui obiettivo è di aiutare l'utente a fare maggior chiarezza dentro di sé, così che la domanda portata sia analizzata in un'ottica di ridefinizione.

Vediamo dunque da dove partiamo e dove vorremmo arrivare utilizzando le definizioni in merito ai modelli di consulenza proposte da E.H. Schein[95], oggi uno dei più grandi consulenti al mondo.

I consulenti, qualunque sia il settore d'intervento in cui operano, hanno in comune un problema: migliorare alcune situazioni per mezzo di un processo definito "aiutare a".

Tre sono i modelli principali di consulenza:

- modello esperto
- modello medico-paziente
- modello di consulenza generativa.

Prima di analizzarli in dettaglio, vediamo il modo di operare del consulente quando viene chiamato all'interno di un'organizzazione. È ovvio che la sua formazione deve essere tale da fornire informazioni altrimenti non disponibili. Una volta esplicitata la richiesta da parte del management, egli analizza le informazioni con tecniche che la committenza non possiede. Per fare questo, il consulente non necessariamente deve attenersi al tipo di intervento richiesto da chi lo paga. Il suo compito, in questa fase, è guadagnare la fiducia di tutte le categorie, professionali e non, presenti in quel determinato contesto, raccogliere informazioni e istanze mantenendo l'assoluta riservatezza sulle fonti, analizzare i dati in suo possesso e orientare la sua azione al fine di risolvere il problema per cui è stato chiamato, nel rispetto della qualità lavorativa e professionale di tutti. Per esempio, nel caso della fecon-

[95] Cfr. Schein EH (1992) *Lezioni di consulenza*. Raffaello Cortina, Milano, pp 3-36.

dazione assistita difficilmente una consulenza richiesta da un Centro a un supervisore esterno risponde letteralmente al quesito posto dalla committenza. Nella maggior parte dei casi l'azione del consulente è rivolta *in primis* al benessere del paziente e solo in seconda istanza a quello di chi ha commissionato letteralmente il lavoro. In pratica, si realizza una condizione in cui il principale cliente del consulente non è il soggetto che lo paga ma il paziente con il quale, probabilmente, non avrà nessun rapporto conoscitivo. Una volta realizzati gli strumenti di supporto ai processi decisionali, egli passerà alla formazione all'utilizzo dei clienti e dei subordinati. Nei momenti difficili, che come abbiamo visto intervengono nelle fasi di cambiamento, egli ascolta, conforta, supporta, dà consigli e aiuta a eseguire decisioni difficili o impopolari. La condizione di consulente esterno, requisito ideale, è fonte di particolare autorevolezza e ciò gli consente di premiare o di punire certi tipi di condotta senza suscitare reazioni dannose per l'andamento dell'organizzazione. La sua posizione *extra partes* gli permette di sbloccare e di attivare con facilità i flussi informativi verso i livelli gerarchici superiori. Quando il management non è in grado di farlo, è lui ad assumersi la responsabilità delle decisioni o a impartire ordini sul da farsi. Questo atteggiamento attenua l'ansietà e fornisce solidità emotiva per aiutare gli altri a superare le situazioni difficili.

Un consulente può fornire consigli indicando che cosa fare, in qualità di esperto, oppure può aiutare i clienti a trovare da sé la soluzione, facilitandone i ragionamenti volti alla ricerca anche se ha già una soluzione pronta. Quest'ultimo modo di fare consulenza può definirsi "di processo" e perché si attivi è necessario che la persona che la richiede ne riconosca la necessità e non abbia gli strumenti per affrontarla. Offrire una soluzione pronta, come si tenta di fare presentando ai pazienti un articolato consenso informato, spesso è inutile e rischia di far "perdere la faccia" alla committenza, la quale non ha alcuna possibilità di esimersi da quanto prospettato dall'esperto.

Perché un processo sia costruttivo è sufficiente che qualcuno riconosca una disfunzione e voglia migliorare la situazione. Prima di parlare della consulenza generativa osserviamo due dei modelli di consulenza ai quali siamo più abituati nel quotidiano (Figure 9 e 10).

È interessante osservare il superamento di questo modello in ragione del fatto che il rapporto medico-paziente sta cambiando in virtù delle maggiori informazioni sui temi sanitari, acquisite dalla popolazione attraverso i media. Sicché, nel

In questo modello, per sua natura il più lontano da quello medico, il cliente conosce il problema e sa a chi rivolgersi (avvocato/architetto); la filosofia è "dammi la soluzione e sparisci".

Per applicarlo è necessario che:

- il cliente abbia fornito una corretta diagnosi del problema
- il cliente abbia accertato che il consulente sia competente
- il cliente abbia comunicato correttamente il problema e la natura dell'informazione da acquisire
- il cliente abbia accettato le potenziali conseguenze derivanti dal servizio richiesto

Fig. 9. Il modello dell'esperto

In questo modello il consulente ha il compito di effettuare una diagnosi e di indicare le soluzioni.
Al medico spetta di determinare che cosa non va nel corpo e ciò spesso comporta una riorganizzazione e, in particolare nella PMA, una sostituzione di personaggi chiave.
Il cliente delega la diagnosi e la cura al consulente e ciò gli permette di rilassarsi.
Perché questo modello funzioni occorre che si diano le seguenti condizioni:

- È molto facile che il cliente arrivi con una diagnosi accertata o suppositiva; se la diagnosi è corretta il medico esegue l'intervento per quel caso. Ma è molto facile che i clienti si facciano intrappolare nel circolo vizioso di una diagnosi scorretta perché il cliente è ansioso di ottenere aiuto e il medico di offrire i suoi servizi.
- È necessario che vi sia un clima di diffusa fiducia per evitare che l'interlocutore occulti al medico qualunque informazione fonte di potenziali svantaggi per lui, poiché teme ritorsioni, ritardi alla soluzione, problematiche potenzialmente dannose per la relazione con il partner.
- Quando il medico inizia la ricerca dei problemi, entrambi le parti si sentono a proprio agio poiché il processo diagnostico fa progredire la ricerca ma nessuna delle due può predire il risultato, né può dire se accetterà o meno la diagnosi, se ne capirà le implicazioni e se farà effettivamente ciò che il medico prescrive per la "guarigione".
- Non c'è nulla nel contratto implicito, eccetto l'etica professionale, che obblighi il medico ad accertare che il paziente abbia correttamente compreso la diagnosi e le relative implicazioni.

Fig. 10. Il modello medico-paziente

tempo, alle tradizionali e autoritarie prescrizioni si è gradualmente sostituita una sorta di mediazione tra medico e paziente, secondo la quale il primo aiuta il secondo riguardo alla terapia da adottare e l'altro la adatta al proprio modello culturale.

8.2 La consulenza generativa

Ciò che distingue la consulenza di processo dalle consulenze di altro tipo sta nel modo con cui il consulente imposta la relazione con il cliente e non in ciò che il cliente fa o chiede di fare. In tal senso questo approccio non obbliga il consulente a rispondere alla lettera alla richiesta esplicita del cliente.

- La premessa centrale è che il cliente possiede il problema all'inizio e per tutta la durata del processo di consulenza.
- Il consulente può aiutare il cliente a trattare il problema, ma senza mai appropriarsene.
- Una delle ipotesi fondamentali della consulenza di processo è che il cliente deve partecipare attivamente sia alle fasi diagnostiche sia alle formulazioni delle soluzioni poiché, in ultima analisi, solo il cliente sa ciò che è fattibile, ciò che funziona nel suo contesto culturale e organizzativo.
- Il consulente di processo, man mano che lavora, affina le capacità di identificazione e risoluzione del problema.

- Il consulente deve essere esperto in materia di relazioni umane non solo del campo specifico.
- Nel momento in cui il consulente si occupa del problema esegue un intervento per il solo fatto di porre domande e sollevare questioni; in tal senso diagnosi e intervento sono imprescindibili e ciò lo rende diverso dagli altri due modelli.

Condizioni necessarie per attivarla sono:
- che il cliente stia "soffrendo" e che non sappia a che tipo di consulenza rivolgersi per risolvere la sua sofferenza;
- che abbia propositi costruttivi;
- che sia motivato da obiettivi e da valori che il consulente può accettare;
- che sia disponibile a instaurare un rapporto di collaborazione.

I consigli di solito non funzionano, il cliente è il solo a sapere qual è la forma di intervento che può funzionare; ma egli deve essere anche in grado di imparare a diagnosticare e a risolvere i suoi problemi. Potremmo definire la consulenza di processo come un insieme di attività fornite dal consulente che hanno lo scopo di aiutare il cliente a percepire, capire e agire sugli eventi che si verificano nel suo ambiente.

Per entrare più nel dettaglio, cerchiamo di mettere a confronto i diversi comportamenti messi in opera dal professionista tradizionale e da quello riflessivo.

Il medico tradizionale sa che il riconoscimento della sua professionalità è derivato dal fatto che il paziente presume che lui sia competente e, allo scopo di mantenere autorevolezza, egli tende a confermare l'aspettativa del cliente anche quando ha incertezze. Il professionista riflessivo sa che si presume che lui sia un esperto del settore, ma è consapevole di non essere il solo ad avere una conoscenza pertinente e funzionale. Le sue incertezze non vengono mai avvertite come debolezze in quanto è ben conscio di come esse, una volta esplicitate, possano divenire fonte di apprendimento per se stesso e per i clienti. Seduto sulla sua poltrona, in genere più grande di quelle dei suoi pazienti, separato dallo spazio occupato dalla sua scrivania, il medico sta ben attento a mantenere le distanze dal cliente e a conservare il ruolo di esperto. Il suo colloquio di accoglienza è in genere volto a dare al cliente un'idea della sua *expertise*, ma non tralascia di comunicare anche una sensazione di calore e simpatia, come per addolcire la sua superiorità.

Il professionista riflessivo si pone altri imperativi, si impone di cercare connessioni con i pensieri e le sensazioni del cliente. Il rispetto per il suo sapere deve emergere dalla situazione in cui si trovano. L'esperto d'organo cerca deferenza e status nella reazione del cliente alla sua figura professionale. Il professionista riflessivo cerca il senso di libertà e di connessione effettiva con il cliente, in conseguenza del fatto che non ha più bisogno di conservare e difendere una parvenza di professionalità. Egli fonda la sua abilità sulla varietà dell'esperienza fatta con persone e contesti diversi; i suoi punti di forza sono predisposizione all'ascolto, riflessività e creatività e a queste qualità si rivolge nel suo lavoro avendo visto, nel corso della sua attività, trasformato il proprio bagaglio di apprendimento in una cultura, un modo d'essere, che come tale ha dimenticato le origini.

9. Anatomia di una legge

9.1 Lo scenario

Cercherò in questo capitolo di ricucire, spero nella maniera più "snella" possibile, i pareri e commenti sulla Legge 40 espressi dal Prof. Carlo Flamigni, direttore della Cattedra di Fisiopatologia della Riproduzione dell'Università di Bologna, dal Gruppo Italiano di Lavoro Intersocietario di Riproduzione[96] (costituito dai presidenti e dai delegati delle seguenti Società Scientifiche: CECOS, SIA, SIAM, SIDR, SIERR, SIFES, SIFR, SIOS, 2PN) e da un gruppo di donne che ha attraversato la legge dal punto di vista femminile utilizzando saperi diversi e realizzando di recente un libro dal titolo *Un'appropriazione indebita*[97].

Procederò dunque navigando dal primo articolo verso i successivi nella speranza di trovare alcune connessioni tra i diversi apporti scientifici, e culturali in genere, capaci, forse, di suggerire ipotesi di azioni funzionali tanto ai pazienti quanto ai tecnici coinvolti in un difficile campo di azione e in una ancora più difficile legge.

ART. 1.
(Finalità).
1. Al fine di favorire la soluzione dei problemi riproduttivi derivanti dalla sterilità o dall'infertilità umana è consentito il ricorso alla procreazione medicalmente assistita, alle condizioni e secondo le modalità previste dalla presente legge, che assicura i diritti di tutti i soggetti coinvolti, compreso il concepito.
2. Il ricorso alla procreazione medicalmente assistita è consentito qualora non vi siano altri metodi terapeutici efficaci per rimuovere le cause di sterilità o infertilità.

Il primo articolo della legge considera l'embrione "un cittadino con pieni diritti", affermazione che a mio avviso condiziona l'intera legge.

Questa posizione è identica a quella del documento in cui il cardinale Ratzinger sostiene che «*Dal momento in cui l'ovulo viene fecondato si inaugura una nuova vita*»; affermazione eticamente ineccepibile se non fosse per le implicazioni che, come vedremo, la tecnica ha su questa nuova vita.

Vorrei affidare il primo commento all'articolo al Gruppo di Lavoro Intersocietario, che a tale proposito così si esprime: «*Le finalità della PMA, descrit-*

---

96 Gruppo di Lavoro Intersocietario delle Società scientifiche italiane della riproduzione, riunitosi a Roma il 22 gennaio 2004, ospitato presso l'aula della XII Commissione Igiene e Sanità del Senato, pp. 2-6. Ruvolo G, Gancitano R (2004) *Il congelamento di ovociti allo stadio pronucleare.* 2PN Attual Scient Biol Ripr 1:35-39

97 Cfr. AA. VV. (2004) *Un'appropriazione indebita.* Baldini Castoldi Dalai, Milano

te all'art. 1, comma 1, sono riferite esclusivamente con l'intento di "favorire la soluzione dei problemi riproduttivi della sterilità o infertilità umana". Sebbene tale finalità sia effettivamente la principale accezione applicativa della PMA, esistono tuttavia casi in cui soggetti fertili possano beneficiare di un intervento di PMA. Vedasi per esempio il caso di coppie la cui progenie sia a elevato rischio di trasmissione di malattie genetiche o cromosomiche».

«Lo stesso articolo sancisce che la PMA sia contemplata solo in casi in cui "non vi siano altri metodi terapeutici per rimuovere le cause d'infertilità o sterilità". Tale assunto, unitamente alle modalità attraverso cui la legge si prefigge di regolare l'accesso alle tecniche di PMA (art. 4), rischia di impedire un tempestivo e incisivo intervento terapeutico per le coppie infertili. Nello specifico, la prescrizione secondo cui "il ricorso alle tecniche di procreazione medicalmente assistita è consentito solo quando sia accertata l'impossibilità di rimuovere altrimenti le cause impeditive della procreazione" può avere l'effetto di ritardare l'applicazione delle stesse tecniche, con il conseguente rischio di aggravare la condizione d'infertilità delle pazienti a causa dell'avanzare della loro età. Lo stesso art. 4 sancisce che il ricorso alla PMA "è comunque circoscritto ai casi di sterilità o d'infertilità inspiegate documentate da atto medico nonché ai casi di sterilità o d'infertilità da causa accertata e certificata da atto medico". Ciò implica che individui fertili non possano beneficiare della PMA, come nel caso di coppie la cui progenie è ad alto rischio di trasmissione di malattie genetiche gravi e per le quali la diagnosi genetica preimpianto costituisce un essenziale strumento per ottenere una gravidanza normale evitando di ricorrere all'aborto terapeutico. Inoltre, l'affermazione "infertilità da causa accertata da atto medico" presuppone che la caratterizzazione delle varie patologie in grado di alterare la funzione riproduttiva avvenga attraverso percorsi diagnostici universalmente riconosciuti, circostanza in realtà non riscontrabile nella corrente prassi clinica».

Il commento del Gruppo di Lavoro Intersocietario pare preoccuparsi maggiormente del limite qualitativo e numerico dei soggetti che hanno "le carte in regola" per potersi sottoporre a tecniche di PMA ma, contemporaneamente, sottolinea il fatto che la diagnosi certa di infertilità, resa rigida dalla legge, rallenti il percorso terapeutico in un ambito in cui il tempo biologico è prezioso. Il gruppo mette in evidenza che due categorie verrebbero escluse dalla legge; la prima è quella dei portatori di patologie genetiche, che vedrebbero nella fecondazione assistita e nella successiva diagnosi pre-impianto una soluzione capace di evitare loro un eventuale aborto nel caso si trovassero di fronte a un embrione malato. È utile, a tal proposito, ribadire quanto siano invasive tecnicamente e psicologicamente le procedure necessarie a tal fine, sia in fase pre-impianto (FIVET e PGD) sia in fase pre-natale (prelievo dei villi coriali[98], amniocentesi[99]). Facendo un bilancio dei pro e dei contro potremmo dire che una tecnica di PMA è più traumatica dal punto di vista fisico, registra una percentuale del 70% di fallimento sulla riuscita dell'im-

[98] **Prelievo dei villi coriali (CVS):** tecnica impiegata nella diagnosi prenatale delle anomalie cromosomiche, del sesso fetale e di altri disordini genetici o di difetti metabolici. Campioni di villi coriali vengono aspirati tra la decima e la quattordicesima settimana di gestazione, sotto guida ecografia, o attraverso la cervice o per via transaddominale. Rispetto all'amniocentesi, il CVS viene eseguito a un'epoca gestazionale più precoce e i risultati sono ottenuti più rapidamente, ma è previsto un rischio leggermente più alto di aborto. Cfr. Reiss H et al., *op. cit.*, p 108.

pianto, è difficilmente sostenuta dal Servizio Sanitario Nazionale ma, in caso di riconoscimento di patologia, evita il trauma dell'aborto. In un confronto tra il prelievo dei villi e l'amniocentesi possiamo dire che la seconda è fisicamente meno traumatica rispetto alla prima, comporta un rischio inferiore di provocare un aborto (circa nello 0,5% dei casi), è gratuita ma, nel caso di patologia embrionale, entrambe costringono la donna a dover decidere se tenere il bambino, qualora il problema sia compatibile con la vita del nascituro, o a ricorrere all'aborto e subirne il trauma. Quest'ultimo scenario è ciò che, per esempio, avviene per le coppie di portatori sani di talassemia, dove il 25% degli embrioni esaminati è malato. Diciamo che, pur non essendo facile scegliere, nel caso della FIVET e successiva diagnosi pre-impianto il trauma, per lo meno quello fisico, è certo nel 100% dei casi, mentre nella villo- o amniocentesi il 25%, riferendoci all'esempio della talassemia, sarà sottoposto all'esperienza violenta dell'aborto terapeutico.

La seconda categoria presa in considerazione dal Gruppo è quella dei soggetti con infertilità inspiegata, per la quale si richiede paradossalmente una certificazione documentata con un atto medico, che può essere redatto solo con l'ausilio della fantasia visto che, in questo caso, non se ne conosce la causa. A tale proposito il documento mette in evidenza come talvolta la medicina si trova nella difficoltà, o meglio nell'impossibilità, di porre diagnosi precise. Ma questo "non so da dove viene" difficilmente è esplicitato e le affezioni, private di un'etichetta, invece di rimanere nude dell'aggettivo che le identificano, assumono attributi tanto altisonanti per le orecchie dei pazienti quanto privi di un significato specifico per gli stessi medici che le pronunciano. È il caso dell'infertilità "inspiegata" o *sine causa*, ma non è un esempio isolato: basti pensare all'ipertensione "essenziale", "sistemica", "costituzionale" o ad altre patologie come le dermatiti "atopiche". La mia non vuole essere certo una critica alla scienza, bensì un'osservazione su quanto sia difficile stabilire leggi rigide su questioni così complesse e ricche di variabili da sfuggire agli stessi addetti.

Se ciò è quanto ravvisano gli autorevoli rappresentanti dell'arte, altro vede Flamigni[100], il quale certo non pecca in scientificità ma, a questa, aggiunge una visione traversale della cultura che va sicuramente oltre il suo campo di applicazione formativo. Ecco il punto cruciale secondo il suo punto di vista: «*Se il concepito ha gli stessi diritti degli altri soggetti, cioè suo padre e sua madre, cosa potrebbe dire la Corte Costituzionale se chiamata a rispondere a questo quesito specifico; e allora la Legge 194, quella che legittima l'aborto volontario, che valore può avere, visto che stabiliva proprio una differenza tra i soggetti coinvolti, la madre e il feto*».

Immagino che questa considerazione non sia sfuggita al mondo politico; mi sono quindi fermato a riflettere su cosa abbia potuto, nella mente del legislatore, generare questo paradosso e sono arrivato ad avanzare un'ipotesi personale. A

---

[99] **Amniocentesi:** puntura del sacco amniotico, eseguita solitamente all'inizio del secondo trimestre di gravidanza, in modo da prelevare il liquido amniotico e le sue cellule per la diagnosi prenatale di alcune malattie congenite come i difetti del tubo neurale, le alterazioni cromosomiche e alcune malattie metaboliche. Poiché il test fornisce dati sui cromosomi fetali, consente anche la determinazione del sesso del feto. Cfr. Reiss H et al., *op. cit.*, p 5.

[100] Cfr. Flamigni C (2004) *Nuova legge Flamigni.* Estratto dal sito del Professor Carlo Flamigni www.carloflamigni.com, p 2.

distanza di 26 anni dalla Legge 194 sull'aborto, ciò che è cambiato è la cultura dell'immagine. Oggi l'embrione, misterioso essere fantasticato nel buio di un ventre che si gonfia, attraverso l'ecografia si è reso visibile. Questo esserino smette di essere parte informe di una natura indefinita, teatrale carne della carne, tenero e intimorente protagonista di sogni a occhi aperti; gli ultrasuoni, in uso proprio dagli anni che generarono la 194, iniziano a svelarlo: il battito a sei settimane, l'abbozzo degli arti a 10 e cosi via. L'immagine, virtualità mediatica, cultura privilegiata dal nostro tempo, diventa realtà, e quello stesso embrione, che avrebbe acquisito lo stato di diritto solo in virtù delle relazioni avute dopo la nascita con la propria società di appartenenza, si svela, entra in relazione senza saperlo e diventa cittadino *ante litteram.*

Dice A. Touraine[101]: «*È anche il trionfo dell'azione strumentale, che disincanta il mondo, a rendere possibile la comparsa del soggetto. Questo non può esistere finché il mondo è animato e magico ... Ecco perché la modernità, che distrugge le religioni, libera e si riappropria dell'immagine del soggetto, fino ad allora prigioniero delle oggettivazioni religiose, della confusione tra soggetto e natura, e trasferisce il soggetto da Dio all'uomo*».

Secondo questa ipotesi, ciò che ha fatto decidere ha poco a che vedere con una scelta politica o religiosa. La legge è stata approvata dai voti di persone all'antitesi per posizione partitica: alla Camera 268 voti favorevoli, 144 contrari e 10 astenuti; più di 200 deputati non hanno partecipato al voto. Essa pare maggiormente dettata da un mero fatto culturale; una cultura che svela la natura, se ne impadronisce e, compiuto questo atto, si trova praticamente obbligata ad assoggettarla a "nuove" regole societarie e legislative che in realtà non si discostano troppo da quelle già promulgate per tutelare il comune cittadino. Ponendo regole, però, lo Stato si trova in competizione con le leggi non scritte della natura per cui quello stesso embrione, voluto dal desiderio dei genitori e dalle capacità delle tecnologie e di chi le applica, protetto dal ruolo di cittadino, si trova a non poter più fruire dal vantaggio costituito dalla selezione naturale (in natura solo il 30% degli ovociti umani è qualitativamente idoneo a essere fecondato e almeno il 20% delle gravidanze esita in aborto) ed è costretto a subire le conseguenze derivanti dal suo essere "protetto".

A tale proposito Luca Gianaroli[102], in una relazione presentata al II congresso mondiale della WARM (World Association of Reproductive Medicine, Associazione mondiale di medicina riproduttiva), comunica che negli ovociti da lui studiati vi è una percentuale di aneuploidia[103] superiore al 60%. Vero è che in natura gli embrioni aneuploidi, nella maggior parte dei casi, esitano in aborto o in morte endo-uterina del feto, ma altre volte giungono al termine della gravidanza, come nel caso della sindrome di Down, di Klinefelter, di Turner ecc., così come è vero che l'ovoci-

---

[101] Cfr. Touraine A (1997) *Critica della modernità*. EST, Milano, p 272.

[102] Cfr. Gianaroli L (2004) *Maternal aging and chromosomal abnormalities: technical approaches to correction of oocyte aneuploidy*. In: Atti del II WARM (World Association of Reproductive Medicine) World Congress, Roma, 6-9 maggio 2004; www.irpace.org

[103] **Aneuploidia**: con tale termine si indica la perdita o acquisizione di uno o due cromosomi da parte dell'intero genoma. In un uomo sano, tutte le cellule tranne quelle germinali (ovociti e spermatozoi) hanno 46 cromosomi. Tuttavia, durante la formazione delle cellule germinali o durante la fertilizzazione, possono verificarsi errori che portano ciascuna cellula ad avere, per esempio, 44, 45 o 48 cromosomi. Cfr. Reiss H et al., *op. cit.*, p 6.

ta e lo spermatozoo, quando si incontrano in natura, si selezionano o meglio si scelgono. La ricerca recente, dice Engelhardt[104], mostra che si verifica un grande spreco di zigoti. Dato che solo nel 40-50% dei casi essi sopravvivono fino a divenire persone (cioè esseri umani capaci di intendere e volere), potrebbe essere meglio parlare degli zigoti umani come di persone al 40% di probabilità.

L'importanza della qualità dei gameti nell'evento procreativo è dimostrata in maniera deduttiva dalla riduzione del numero di gravidanze in caso di spermatozoi astenici, malformati o infetti e nell'abbassamento della curva di fertilità nei soggetti con ovociti meno vitali, per esempio a causa dell'età della donna o di gravi infezioni pelviche. L'embrione, quindi, a fronte del diritto acquisito dalla legge, perde, nel caso della fecondazione in vitro, quasi sempre quello di poter essere il frutto di un evento affidato al caso e la possibilità di usufruire di quella selezione naturale che da qualche milione di anni ci assiste. L'unica possibilità, in caso di patologie malformative, resta quella di appellarsi alla legge sull'aborto.

Ricordiamo inoltre due premesse di non secondaria importanza: molti lavori documentano una percentuale maggiore di malformazioni in caso di PMA, e non sempre si può fare una diagnosi di malformazione ecograficamente. Alla luce di ciò, quella ridotta percentuale di soggetti che avrà il premio di una gravidanza sarà sollecitata, visto il maggior rischio che corre, a sottoporsi a una diagnosi post-impianto. Eseguirà così l'amniocentesi che ha uno 0,5% di rischio abortigeno, percentuale piccola ma inquietante in particolare per chi ha raggiunto un obiettivo così tanto desiderato. Non sarebbe quindi più giusto, per un principio di pari opportunità, autorizzare la diagnosi pre-impianto[105] – tecnica con finalità identiche alla legale amniocentesi – di tutti gli embrioni ottenuti in vitro? L'articolo 3 della Carta Europea dei Diritti fondamentali proclamata a Nizza contiene «*il divieto delle pratiche eugenetiche, in particolare di quelle aventi come scopo la selezione delle persone, e la clonazione riproduttiva degli esseri umani*». Questo divieto in realtà non è da rigettare *tout court* considerando, come dice J. Habermas, che la manipolazione del genoma, progressivamente decifrata, o la speranza di certi scienziati di poter presto dirigere il processo evolutivo, mettono in ogni caso in crisi la distinzione categoriale tra oggettivo e soggettivo, naturale e artificiale[106]. Tuttavia, altro è eseguire una selezione genetica, rispondendo a soggettivi standard di salute da parte dei genitori e dei genetisti, rispetto a trasferire embrioni con gravi alterazioni cromosomiche come l'aneuploidia, soprattutto quando tali anomalie non sono compatibili con la vita o portano a una morte precoce. Tale

---

104 Savagnone G, *op. cit.*, p 40.

105 **Diagnosi pre-impianto (PDG)**: *preimplantation genetic diagnosis* (diagnosi genetica pre-impianto), tecnica che solitamente consiste nel rimuovere una o due cellule (blastomeri) durante lo stadio tardivo della segmentazione. Può essere effettuata anche una biopsia della blastocisti nella quale sono disponibili più cellule da asportare, potenzialmente migliorando l'attendibilità della diagnosi (...). Le cellule prelevate vengono analizzate, usando la PCR (polymerase chain reaction) o l'ibridizzazione *in situ* a fluorescenza (FISH). La rapida amplificazione del materiale genetico con queste tecniche consente di eseguire analisi che vengono concluse nel giro di poche ore, in modo tale da consentire agli embrioni sani di essere trasferiti in tempo utile per l'impianto. Le analisiche utilizzano la PCR e la FISH possono essere impiegate per diagnosticare il sesso fetale, disordini cromosomici, come l'aneuploidia, emoglobine e specifici difetti genetici. Cfr. Reiss H et al., *op. cit.*, p 31.

106 Cfr. Habermas J, *Il futuro della natura umana*, cit., p 44.

scelta gioverebbe tanto all'embrione, che avrebbe restituito dalla tecnologia il compito selettivo esistente in natura, quanto alla madre, cui verrebbe risparmiata la drammatica esperienza dell'aborto volontario e ciò maggiormente considerando le particolari aspettative che una coppia infertile ha nei confronti di un possibile figlio. A tale proposito mi sento in accordo con Ceppa che, riportando il pensiero di Habermas, afferma: «*Se la diagnosi di preimpianto e la sperimentazione sugli embrioni oltrepassano i limiti di una genetica negativa (cioè terapeutica) e clinica (legata cioè all'ipotetico consenso dell'interessato), esse vanno senz'altro vietate. Ogni forma di intervento genetico migliorativo disturba infatti l'autoriferimento morale della persona alla propria (indisponibile) dotazione genetica. Chi si scopre programmato sa di non essere più l'autore indiviso della sua storia di vita e subisce una svalutazione di sé indotta riflessivamente prima della nascita*[107]».

Su questo punto interviene un pensiero femminile che, pur non schierandosi politicamente, tutela il movimento femminista che nel '78 lottò per avere la legge sull'aborto. Movimento che allora vide la donna protagonista della gravidanza fino alle estreme conseguenze e che oggi assiste a uno scenario capovolto che vede in primo piano l'embrione e sullo sfondo la donna. M. Gasparini e A. Roller[108], rispettivamente medico e biologa ed entrambe esperte in bioetica, sottolineano le conseguenze derivate dalla posizione di «*... far coincidere la "prima nascita" dell'individuo col momento del concepimento. Da questa tesi e dalla sua irriducibilità ne derivano sia i limiti che la legge impone alle pratiche cliniche e biologiche (il divieto di congelare gli embrioni e l'obbligo di trasferirli tutti e comunque) sia la ferocia nei confronti della donna (il divieto di ritirare il consenso all'impianto dopo che gli embrioni sono stati creati e la necessità di sottoporsi a più numerose stimolazioni ormonali per la produzione degli ovociti necessari). L'embrione, dichiarato soggetto di diritti, viene contrapposto alla donna e la cosa non tocca più di tanto l'opinione pubblica, che pure resta favorevole all'aborto*».

Della stessa opinione è B. La Monica[109], presidente di una sezione del Tribunale di Milano, che così si esprime: «*Il preminente valore attribuito al concepito/embrione dell'articolo 1 della legge pervade l'intero testo normativo ed è fondamento dei successivi divieti, alcuni dei quali non connessi alle tecniche di riproduzione. Degli embrioni è vietata non solo la soppressione, ma anche la crioconservazione*[110] *e la loro produzione è prevista in numero contenuto: non superiore a quello strettamente necessario a un unico e contemporaneo impianto, comunque non superiore a tre (art. 14, comma 2). Ci spiega la scienza medica come ciò sia terribilmente lesivo per la salute della donna, sottoposta ai rischi di una iperstimolazione ovarica, a più interventi invasivi per il prelievo degli ovociti e a rischi di gravidanza multipla, e come possa compromettere la riuscita del trattamento: la tutela prevalente riconosciuta all'embrione rispetto il diritto alla salute della donna si manifesta nella sua evidenza. E altrettanto chiara appare la violazione dell'articolo 32 della Costituzione, secondo il quale "la Repubblica tutela la salute come fondamentale diritto dell'individuo". Ci troviamo di fronte a un bilanciamento di interessi rove-*

---

[107] Cfr. Ceppa L (2002) *Postfazione*. In: Habermas J, *Il futuro della natura umana*, cit., p 120.
[108] Cfr. Gasparini M, Roller A (2004) *Donne, geni, ricerca*. In: AA. VV. *Un'appropriazione indebita*, cit., p 126.
[109] Cfr. La Monica B (2004) *Regole e corpi di donna*. In: AA. VV. *Un'appropriazione indebita*, cit., p 145.

sciato rispetto a quello operato dalla legge 194: per ragioni che sono al di fuori da quelle sanitarie, al fine di tutela dell'embrione, lo Stato non tutela la salute della donna al livello massimo possibile offerto dalla scienza medica. Dal mancato bilanciamento fra la tutela dell'embrione e quella della madre nasce la previsione più insensata della legge: l'articolo 6 comma 3, che limita la possibilità di revocare il consenso espresso per l'accesso alle tecniche fino al momento della fecondazione dell'ovulo». Niente da dire rispetto a questa lettura, che ovviamente mette in rilievo la difficile posizione della donna che si sottopone a uno stress, oltre che psicologico ed economico, anche fisico e questo sempre, anche quando l'infertilità non è la sua. Quello che vorrei comunque sottolineare è che anche questo punto di vista ritiene centrale l'articolo 1 che inevitabilmente trascina con sé gli articoli cruciali della legge. Il cittadino embrione non può essere crioconservato, ma anche se la legge divenisse permissiva forzando il punto che autorizza tale tecnica "*per grave e documentata causa di forza maggiore relativa allo stato di salute della donna*", ciò poco gioverebbe alla donna ai fini di una gravidanza in grembo essendo statisticamente molto bassa la percentuale di impianto di embrioni così trattati. Fino a oggi, da ovociti congelati è nata una sessantina di bambini (il primo nel '97) e le gravidanze ottenute con questa tecnica non sono più di cento sull'intero pianeta[111]. Secondo una stima possibile, su 100 ovociti congelati nascono due bambini, su un uguale numero di embrioni congelati nascono 10 bambini[112]. Il congelamento dei gameti, in atto, ha dunque un senso per mantenere, nelle persone sottoposte a interventi chirurgici o a radio- e chemioterapie per patologie tumorali, la speranza di diventare nel futuro genitori.

Se, come si può ragionevolmente pensare, gli ovociti osservati in ambiente extracorporeo si comportano come quelli intracorporei, con ogni probabilità la sola diagnosi pre-impianto, evidenziando gli embrioni aneuploidi e permettendone la selezione, sarebbe da sola sufficiente a risolvere il problema dei soprannumerari.

L'altra questione riguarda il limite di revoca sancito dall'articolo 6 che, in linea con l'articolo 1, vede gli embrioni appena formati alla stessa stregua di figli nati

---

110 **Crioconservazione**: conservazione di gameti o di embrioni mediante congelamento a basse temperature. I campioni sono conservati in provette, fiale o ampolle in azoto liquido a –196 °C in modo da evitarne la distruzione da parte di batteri o per opera di modificazioni chimiche. Gli spermatozoi possono essere congelati, legge italiana a parte, per numerose ragioni, che comprendono l'isolamento di seme di donatore prima di inseminazione eterologa, per preservare la possibilità di procreazione di soggetti che devono essere trattati con radio/chemioterapia a causa di una neoplasia, prima di una volontaria vasectomia e, nella riproduzione assistita, per fornire una riserva prontamente disponibile di spermatozoi del marito prima del prelievo ovocitario. Il congelamento degli spermatozoi porta a una riduzione del 50% del potenziale di fertilizzazione, ma in un campione normale rimarrà un numero sufficiente di spermatozoi vitali da scongelare per diversi tipi di inseminazione. Anche gli embrioni prima del trasferimento possono essere crioconservati allo stadio di zigote o di blastocisti. Alcuni embrioni vengono danneggiati durante il congelamento/scongelamento per la formazione intracellulare di ghiaccio o di bolle gassose. Durante lo stadio di segmentazione l'embrione può perdere alcune cellule a causa del trauma ricevuto e mantenere ancora il suo potenziale sviluppo. Anche gli ovociti possono essere sottoposti allo stesso trattamento, tuttavia essi solitamente diventano resistenti alla fertilizzazione. Questa tecnica è in continuo sviluppo perché la capacità di crioconservare gli ovociti e mantenere la loro fertilità dovrebbe migliorare notevolmente le possibilità cliniche per le ragazze e le donne che affrontano il trattamento di sterilizzazione (ovariectomia, irradiazione, chemioterapia), così come il management dell'ovodonazione. Cfr. Reiss H et al., *op. cit.*, pp 26-27.

111 Cfr. Gasparini M, Roller A, *cap. cit.*, p 133.

112 *Ibidem*. Cfr. dati Tecnobios 1997-2002, in www.carloflamigni.com, p 134.

verso i quali i genitori hanno l'obbligo di assistenza morale e materiale. In questo caso, il piatto della bilancia pesa inizialmente a discapito della madre che, non avendo in quel momento le risorse per proseguire l'iter che ha volontariamente avviato, per esempio a causa di un incidente o per la morte del partner, ha come alternative l'aborto, l'abbandono del bambino nato o una maternità conflittuale. Ma anche per la nuova vita non si prospetta un futuro migliore, aspirato da una cannula o, una volta nato, affidato a un istituto per l'infanzia o mal accettato dai genitori biologici. Non sarebbe più augurabile per lui un destino diverso come quello di essere crioconservato in attesa forse di una sorte migliore o, meglio, adottato?

Salendo di livello e spostandoci nel campo dell'etica, che S. Rodotà[113] ha definito "luogo di incessante elaborazione e confronto senza immediate finalità normative", troviamo l'osservazione che M. Toraldo di Francia[114] (docente di Etica all'Università di Firenze) rivolge a coloro i quali attribuiscono all'essere umano un significato meramente biologico; in questa visione si può definire "persona" chi possiede un patrimonio genetico ascrivibile all'*homo sapiens*, a prescindere dalla sua personale biografia. «*Non credo si possa affrontare il problema della natura e dei diritti dell'ovulo fecondato, dello zigote – o della tutela della dignità della vita umana in tutti i suoi diversi stadi – in maniera indipendente rispetto alla questione dell'interruzione volontaria di gravidanza, né che si possa riconoscere all'embrione il diritto a essere trattato come persona senza che ciò apra la strada a un controllo sempre più esteso sullo stile di vita della gestante, sulla madre incubatrice*». Qui la *querelle* tocca un altro punto, tanto ovvio quanto drammatico: come si può tutelare, alla stessa stregua di una vita autonoma, una vita che dipende totalmente da un'altra la quale, a sua volta, ha diritto sovrano su se stessa?

9.2 Le strategie e i loro limiti

Cerchiamo ora di analizzare i limiti derivanti dall'articolo 1 e nello stesso tempo di trovare soluzioni per garantire il più possibile gli attori della fecondazione assistita pur ottemperando alle difficili e limitanti normative. In attesa che il referendum sulla abrogazione della legge possa condurre i nostri governatori a più miti consigli, vediamo cosa si può tecnicamente fare allo stato delle cose. Una prima ipotesi di lavoro è la diagnosi pre-impianto negli embrioni pre-singamici, altrimenti detti ootidi, strutture biologiche che precedono la fusione delle due cellule germinative della madre e del padre in un unico genoma. In questo caso la legge verrebbe aggirata dal fatto che si fa diagnosi e anche selezione in stadi pre-embrionali, sicché solo gli embrioni sani verrebbero trasferiti e gli altri, qualora una nuova legge aprisse un varco, potrebbero essere utilizzati per la produzione di cellule staminali. L'applicazione protocollare di questa tecnica porterebbe a un'ulteriore intrusione tecnologica, a un più elevato costo sociale, ma permetterebbe altresì di fare prevenzione della delezione del cromosoma X, della trisomia 18 e 21,

[113] Cfr. Rodotà S (a cura di) (1993) *Questioni di bioetica*. Laterza, Roma-Bari, p 12.

[114] Cfr. Toraldo di Francia M (2004) *Sviluppo biotecnologico e dibattito "bioetico". Alcune considerazioni*. In: AA. VV. *Un'appropriazione indebita, op. cit.*, pp 239-260.

dell'emofilia A e B, della distrofia muscolare di Duchenne e di molte altre patologie dalle quali il nascituro potrebbe essere protetto. Tali interventi, collocandosi in ambiti inediti, stimolano fantasie come quelle che vedono il genetista come un fabbricatore di cloni, o peggio di spaventose figure chimeriche, e quelle che invece lo vedono come un genitore *ante litteram*, capace di far sviluppare nel figlio le sue migliori qualità. In realtà credo che vi sia una certa verità in entrambe le posizioni in quanto il genetista, operando una selezione prima della nascita, realizza un'eugenetica negativa, ma tale selezione, influenzando il genoma delle generazioni future, è nello stesso tempo un'eugenetica positiva. «*La soglia che divide le due genetiche è segnata dalla differenza degli atteggiamenti. Nel quadro di una prassi clinica, il terapeuta può comportarsi verso il paziente sulla base di un consenso ragionevolmente presupposto, come se esso già fosse quella seconda persona che diventerà un giorno. Invece, nei confronti dell'embrione che va geneticamente modificato, il "designer" adotta un atteggiamento di ottimizzazione e strumentalizzazione: l'essere di otto cellule deve essere modificato nella sua composizione genetica a partire da standard soggettivamente prescelti. Al posto dell'atteggiamento performativo verso una persona futura, che già nello stato embrionale viene trattata come una persona in grado di dire di sì e di no, nel caso della genetica positiva subentra l'atteggiamento di uno sperimentatore che - ricollegando le finalità dell'allevatore classico alle modalità di un ingegnere strumentalmente progettante - finisce per trattare come semplice materiale le cellule embrionali*[115]».

La seconda ipotesi percorribile, qualora la legge estendesse il significato di "vita" alla fase pre-singamica, è eseguire la diagnosi su ovociti maturati in vitro (IVM). L'IVM[116] deve essere eseguita su ovociti immaturi e questo richiede un prelievo ovocitario precoce, che pare non influire sulla salute della donna, anzi, potrebbe forse proteggerla da effetti collaterali negativi come la sindrome da iperstimolazione ovarica. L'analisi viene effettuata, in maniera simile a quanto si fa nella PDG[117] pre o post-singamica, entro le 7-8 ore susseguenti al prelievo ovocitario, in quanto, dopo tale periodo, è necessario fecondare l'ovocita prima che si deteriori. Il dottor Ri-Cheng Chian[118] della McGill University di Montreal, in suo recente lavoro, comunica che i risultati clinici sulla maturazione in-vitro degli ovociti umani sono promettenti, sebbene manchi ancora la ricerca per allineare i meccanismi della maturazione ovocitaria e migliorare le condizioni delle colture; mancano inoltre dati sulla percentuale di impianto degli embrioni generati da ovociti IVM, il cui sviluppo dipende dalla situazione in cui sono stati recuperati.

Questo è ciò che la legge, allo stato attuale, non può contestare; ma le due ultime tecniche, proprio in quanto esaminano materiale in ogni caso in fase pre-embrionale, oltre che esporre le donne a procedure ancora non ben conosciute in tutti i loro aspetti, hanno il limite di poter osservare solo materiale materno e peraltro non in maniera completa. L'analisi sul globulo polare, infatti, permetterà di diagnosticare solo malattie geniche monofattoriali di origine materna; nessuna

[115] Cfr. Habermas J, *Il futuro della natura umana*, cit., pp 95-96.

[116] **IVM:** *In Vitro Maturation*, tecnica del tutto simile alla PDG ma eseguita sul primo o secondo globulo polare dell'ovocita non ancora fertilizzato o recentemente fertilizzato cioè presingamico.

[117] **PDG:** *diagnosi genetica pre-impianto*, vedi nota 106.

[118] Cfr. Chian RC et al. (2004) *In-vitro maturation of human oocytes*. Reprod Biomed Online 8(2):148-166

notizia sul patrimonio cromosomico paterno, nessuna notizia sulla presenza di aneuploidia. Possiamo dire, dunque, che le due tecniche suddette rappresenterebbero un disperato tentativo di aggirare la legge, ma discriminerebbero gli embrioni italiani e i loro genitori. Se si considera l'alta percentuale di aneuplodia presente negli ovociti maturi, e a maggior ragione se questi ovociti, a causa dell'applicazione di un cattivo protocollo farmacologico di stimolazione o di una condizione di coltura subottimale, sono di scarsa qualità, i difetti di frammentazione del DNA e le cromosomopatie possono raggiungere il 96% dei casi come dimostra Necati Findikli[119], ricercatore presso il Memorial Hospital ART di Istanbul.

Un'altra riflessione suggerita da Findikli nel suo articolo attiene all'importanza del ricorso a un adeguato protocollo di stimolazione e alla qualità dei terreni di coltura, standard ai quali il legislatore dovrebbe prestare maggiore attenzione.

Questo tipo di tecnica, inoltre, non ci mette al riparo dai rischi connessi, nella ICSI, all'utilizzo di spermatozoi di soggetti affetti da severa oligozoospermia e da azoospermia non ostruttiva; in questi casi, com'è risaputo, vi è un'altissima percentuale di difetti di translocazione del braccio lungo del cromosoma Y, che porta alla sterilità dei nati maschi[120]: una sorta di maledizione trasmessa da padre in figlio. È ovvio che in questi casi solo la PGD post-singamica può salvare il futuro feto dalla sterilità trasmessa.

In realtà, anche in questo caso il compito del "selezionatore" non è facile, visto il valore puramente convenzionale della definizione di fisiologia rispetto a quella di patologia; in altri termini, oggi non si riesce a definire se un soggetto sterile alla nascita, in specie se ciò è consequenziale alla applicazione di una tecnica, sia normale, patologico o portatore, alla stessa stregua degli adulti, di un semplice disagio. Altrettanto difficile è la posizione del bioetico che, pur abbandonando la posizione di una bioetica difensiva, si trova a prendere decisioni su ciò che è bene e ciò che è male. La stessa ablazione del braccio lungo del cromosoma Y da un lato potrebbe essere vista come un danno nei confronti di un potenziale del nascituro ma, dall'altro lato potrebbe essere considerata un effetto protettivo nei confronti della specie umana proiettata verso un incremento numerico suicida. Neanche la ragione, in questo caso, è di aiuto; essa, come ci dice Mordacci[121], «*Non sembra aver altro ruolo che quello strumentale di individuare i mezzi adeguati alla realizzazione dei fini definiti dagli interessi di cui è portatore. In questo quadro, il soggetto bioetico in quanto attore morale appare consegnato a un radicale emotivismo, nel senso che egli non può elaborare una critica su basi razionali del suo punto di vista morale: la razionalità è infatti relegata all'ambito pubblico, nel quale le visioni morali configgono e rispetto al quale il soggetto dovrà assumere non il proprio punto di vista di soggetto agente, bensì quello di un osservatore imparziale*».

Anver Kuliev e Yury Verlinsky del Reproductive Genetics Institute di Chicago[122] così sintetizzano la loro esperienza fatta in tredici anni di diagnosi pre-impianto:

---

[119] Cfr. Findikli N et al. (2004) *Assessment of DNA fragmentation and aneuploidy on poor quality human embryos.* Reprod Biomed Online 8(2)196-206.

[120] Mansour R (2004) *Preimplatation genetic diagnosis for Y-linked disease: why not?* Reprod Biomed Online 8(2):144-145.

[121] Cfr. Mordacci R (1998) *La dissoluzione del soggetto morale in bioetica.* In: Soricelli E, Barbaro R (a cura di) *Bioetica e antropocentrismo etico.* Franco Angeli, Milano, p 49.

«La diagnosi preimpianto (PGD) è diventata una possibilità per evitare la nascita di bambini sofferenti, rappresentando un'aggiunta importante alla diagnosi prenatale tradizionale. Più di mille bambini sani sono nati dopo PGD, sottolineando così l'accuratezza e sicurezza della procedura, che oggi viene utilizzata anche nell'accertamento di potenziali donatori di cellule staminali alla progenie o ai fratelli malati. Le esperienze accumulate in qualche migliaio di cicli di PGD per pazienti sottoposte a FIV con prognosi cattive ci dà prova ulteriore del miglioramento dei risultati clinici, cosa particolarmente importante nella storia riproduttiva delle paziente PGD. Una campionatura sequenziale degli ovociti e degli embrioni risultanti potrebbe migliorare l'accuratezza del test per l'aneuploidia e permetterebbe anche di rilevare e di evitare il trasferimento di embrioni con disomia uniparentale».

La casistica di questo Centro mostra il 25% in meno di aborti in soggetti trattati con PDG, un numero maggiore di gravidanze a termine e di bambini nati sani, nonché grossi passi avanti in quello che sarà, nolenti o volenti, il futuro della medicina: la terapia con cellule staminali.

Vista così, la PDG è chiaramente utile e supporta la fecondazione assistita; ma non si deve correre il rischio di banalizzarne l'uso fino al punto di vedere il contrario, ossia la fecondazione assistita a servizio della PDG. Scenario che ci presenta H. Jonas[123]: *«Ne sono esempi già operativi la selezione del sesso e la selezione dei caratteri genetici responsabili dell'assetto immunitario (il sistema HLA) sulla base di compatibilità con un fratello vivente e malato che potrà trarre vantaggio terapeutico dalle cellule prelevate dal cordone ombelicale alla nascita. Questo uso della PDG, per ora limitato a pochi casi nel mondo, solleva inquietanti interrogativi sui gradi di libertà di chi è stato fatto nascere con uno scopo: il prelievo dal cordone ombelicale di cellule staminali compatibili alla nascita, la donazione di sangue o midollo osseo più avanti»*.

Se lo Stato fosse così ligio alle leggi della natura dovrebbe proibire ogni tecnica di fecondazione assistita extracorporea, ma in tal senso non garantirebbe il legittimo e naturale desiderio di procreare di una grande fetta della popolazione alla quale tale aspirazione, per particolari condizioni, è negata. Nel momento in cui esso legifera è consigliabile che prenda in considerazione le variabili negative e positive che il ricorso a tecniche di fecondazione extracorporee comporta, la tutela del diritto a una qualità di vita buona per il cittadino embrione e il diritto di subire il meno possibile l'esperienza di un aborto spontaneo, o peggio, terapeutico per la donna.

Sono talmente numerose e complesse le questioni sollevate da questa legge che, a pochi mesi dalla sua uscita, ha provocato la produzione di diversi articoli e libri, in linea generale critici, nonché di un referendum nazionale che ne chiede l'abrogazione. Non essendo questo il principale intento del mio lavoro rimando alle pubblicazioni più tecniche e chiudo un po' ironicamente su un altro dei punti grandemente discussi; punto che, in qualche maniera, rompe tradizioni consolidate: il veto alla fecondazione eterologa, ossia con l'utilizzo di seme e ovociti di donatori esterni. Mi riferisco a due indagini statistiche condotte qualche hanno fa in Italia,

---

122 Kuliev A, Verlinsky Y (2004) *Thirteen years' experience of preimplantation diagnosis: report of the Fifth International Symposium on Preimplantation Genetics*. Reprod Biomed Online 8(2):229-235.
123 Cfr. Jonas H, *op. cit.*, pp 122-154.

dalla prima delle quali si evince che il 70% degli uomini e l'80% delle donne hanno rapporti extraconiugali, e dalla seconda che il 20% dei secondogeniti nati hanno un DNA non ascrivibile al padre istituzionale. Se la statistica ratifica la norma potremmo dire che la "donazione" di gameti è una pratica usuale in natura e, in tal senso, è solo un obsoleto moralismo la norma che la nega a chi ne ha assoluto bisogno. Non voglio qui banalizzare sull'importanza del rapporto genitore-figlio e delle differenze che si possono verificare tra figlio biologico, figlio "donato" e figlio adottato, in specie nella relazione figlio-padre. Nella mia esperienza la donna che ha un figlio con il proprio partner o da ovo/sperma-donazione o da un rapporto occasionale realizza comunque il suo progetto di maternità, poiché le interessa fondamentalmente partecipare all'atto creativo, condurre la gestazione, partorire per completare la sua identità e creare un legame indissolubile con il figlio.

Per il maschio è diverso: egli non può puntare sull'esperienza della gestazione e del parto; per lui avere un figlio significa trasmettere il proprio DNA e assicurarsi così una sorta d'immortalità e procreando non deve completare un'identità ma sconfiggere la morte. Ciò rende più difficile per il maschio accettare la procreazione attraverso seme di donatore: ma questo è un problema di psicologia del profondo da trattare con i migliori metodi utilizzati per l'adozione, non è etica su cui legiferare.

In realtà, nella stessa legge che vieta l'eterologa è prevista una norma per i figli nati da donazione di seme; è chiaro dunque che vi è piena consapevolezza che questa pratica si effettui all'estero, ma la coscienza del legislatore ne esce comunque salva.

Conclusioni

Il libro vede la luce nel momento in cui, in generale nel mondo, e in particolare in Italia, il dibattito e l'attenzione sulle tematiche della fecondazione assistita sono molto forti. A livello generale, si tratta di una questione cruciale che si connette a dimensioni problematiche della vita contemporanea in cui le scoperte, le tecnologie e la scienza sono strettamente connesse alla vita di tutti, fino al punto che gli effetti e l'impatto delle scelte scientifiche sembrano entrare nella sfera personale. Mi riferisco alle biotecnologie, al discorso intorno al genoma, già diventati di ordine quotidiano quando riferite al mondo vegetale e animale di cui ci cibiamo, e che spingono per intervenire attivamente anche sull'origine della specie umana. In Italia, inoltre, questo tema è sotto un fuoco particolare a causa dell'incrociarsi di polemiche che si confrontano su questa materia. Non si può tacere su una questione squisitamente politica che va a normare – e non si può discutere la necessità che l'argomento ha di essere normato – un tema puramente privato. Ma se l'argomento è sotto la pressione di una politica forte, lo è altrettanto da parte del dibattito pubblico, professionale medico e culturale. Questa direzione ha seguito la recente pubblicazione dal titolo *Un'appropriazione indebita* (v. nota 97) che vede recitare sul tema singole voci di vari saperi raccolte nel libro che gli fa da coro. In tal senso è inteso anche questo mio lavoro che sceglie l'interdisciplinarietà come strumento per fare comunicare in primo luogo agenzie diverse e, in seconda istanza, parti culturalmente considerate disgiunte come il soma e la psiche. Una volta trovato il linguaggio comune, cosa che puntualmente si verifica all'interno dei nostri seminari formativi ed esperienziali, si realizza un lavoro verso l'unità di parti di sé e di parti sociali che ovviamente trascendono i ruoli dei singoli.

Peculiarità di questo testo è quella di occuparsi di una dimensione relazionale che si prefigge di creare ponti, un dialogo sia all'interno del mondo degli operatori della fecondazione assistita – medici, biologi, psicologi – sia tra i medici e i pazienti, dato che il focus è di riflettere insieme a tutti gli attori implicati. Riflettere specialmente sull'insuccesso insito in questa tecnica, dove gli esiti negativi coprono un'ampia percentuale dei casi. Gli strumenti che vengono proposti vanno proprio nella direzione di creare questo dialogo, una comunicazione possibile, una sorta, potremmo dire con Habermas[124], di "agire comunicativo tra pazienti e medico". Tanto il questionario quanto il nurse-ring vogliono essenzialmente andare incontro a una pratica densa tra medico e paziente che si riempia di significati, di consapevolezza e di riflessione, in modo tale che l'insuccesso di una tecnica non

124 Cfr. Habermas J (1996) *Teoria dell'agire comunicativo*. Il Mulino, Bologna.

diventi il fallimento di una relazione.

In sostanza il volume vuole andare incontro soprattutto alla dimensione socio-relazionale del fenomeno, pur non staccandosi dalle questioni più squisitamente tecniche e professionali; da questo punto di vista propone una chiave terapeutica e disciplinare che coinvolge in eguale misura i singoli membri dell'équipe professionale e la coppia che entra in relazione con questi contesti. In tale senso esso si propone di riempire di significato un dialogo così esposto e critico com'è quello tra medici e pazienti.

A precedere la stesura di questo testo vi sono diversi anni di pratica professionale, quattro anni di organizzazione del pensiero, l'esperienza dei seminari ministeriali organizzati dal nostro Istituto (IRPACE Onlus) che ha potuto vedere scontrarsi e incontrarsi le differenti esigenze professionali e i diversi linguaggi scientifici, la ricerca sperimentale e l'applicazione del protocollo sul campo.

Vorrei infine condividere alcuni dati ottenuti, allo stato dell'arte, con l'applicazione del protocollo SAHARAI. Dalle sperimentazioni del protocollo emerge che l'88% dei pazienti è risultato di profilo B poiché mostra la necessità di un supporto psicoterapico in itinere. Per queste coppie è comunque sufficiente la lettura del questionario, la sua restituzione, il nurse-ring e l'offerta di consulenza psicologica durante l'iter terapeutico. Emerge poi un 8% di profilo A: si tratta cioè di pazienti con risorse sufficienti ad affrontare l'iter della fecondazione assistita. Di solito sono coloro che hanno già fatto dei tentativi terapeutici e hanno sviluppato, da soli o con supporto psicologico, sufficienti risorse personali. Il restante 4% dei paziento è di profilo C, nel senso che necessita di cure psichiatriche o psicologiche prima di affrontare l'itinerario terapeutico della PMA. A fronte di questa temporanea perdita del gruppo C, quello che si è verificato per gli operatori è il sostanziarsi di un diffuso clima di tranquillità nell'ambito lavorativo e si presume anche in quello privato. Ma quello che in questi anni ci ha maggiormente stimolato è l'evidente miglioramento dello stato psico-fisico dei pazienti seguiti all'interno delle strutture che hanno in uso il protocollo SAHARAI. Sono proprio loro, i pazienti, il vero motore di tutto questo lavoro e sono loro che sento essere i destinatari diretti e indiretti di questo testo.

È una conclusione breve la mia, probabilmente perché non la sento proprio una fine, anzi, mi auguro che questo lavoro porti movimento, un pensiero nuovo e dinamico, affatto una conclusione.

APPENDICI METODOLOGICHE E NORMATIVE

Appendice 1 - Nota metodologica

Orazio Giancola

«*L'etimologia di questionario rinvia al latino quaerere, che significa "cercare" e, per estensione, "domandare". Ma il questionario non è solo un insieme di domande; benché sia questo il tipo di questionario più diffuso, è meglio pensare a esso come un contenitore di "oggetti" (o* item, *per utilizzare la diffusa locuzione inglese)*[125]».

Il questionario non costituisce una tecnica di rilevazione a sé stante, ma è una forma di intervista che si distingue per il grado di strutturazione e standardizzazione nella preparazione del protocollo. L'utilizzo del questionario è molto diffuso nella ricerca sociale poiché è una tecnica di rilevazione standardizzata che consente, rispetto agli altri tipi di interviste meno strutturate, un notevole risparmio di tempo e denaro.

Nelle indagini psico-sociali e statistiche il questionario è, dunque, lo schema di un'intervista altamente strutturata, la cui funzione è quella di raccogliere informazioni sulle variabili qualitative o quantitative oggetto di indagine. La rilevazione tramite questionario consiste nella formulazione a priori di uno schema contenente una serie di domande su una serie di argomenti che sono oggetto di interesse per un gruppo di studiosi.

Occorre dunque stabilire:

- su quali argomenti devono vertere le domande;
- quante domande vanno poste;
- quale forma va data alle domande in questione;
- in che termini, con quale ordine e con quali modalità va somministrato il questionario.

Tuttavia, il suo grado di standardizzazione, se da un lato favorisce il risparmio di tempo e la comparabilità delle risposte, dall'altro fa sì che si presenti come uno strumento di rilevazione molto rigido, non adattabile alle diverse situazioni che possono emergere nel corso stesso della rilevazione, quindi non modificabile una volta che essa viene avviata.

Il questionario è uno strumento che viene utilizzato a scopi descrittivi ma soprattutto esplicativi, proprio grazie al suo livello di standardizzazione.

Gli argomenti che sono generalmente oggetto di indagine riguardano comportamenti, atteggiamenti, opinioni e motivazioni rilevati generalmente su un campione rappresentativo di una popolazione, omogeneo rispetto all'unità di analisi e alle variabili che sono oggetto di approfondimento. Questo significa che la rileva-

[125] Cfr. Palombo M (2004) *Strumenti e strategie della ricerca sociale. Dall'interrogazione alla relazione.* Franco Angeli, Milano, p 173.

zione deve interessare tutti quei soggetti che per le loro caratteristiche e il loro ruolo all'interno del contesto della ricerca possono fornire una conoscenza della realtà rilevante ai fini della comprensione del fenomeno che si intende studiare.

Possono essere dunque rilevanti tutti quei dati inerenti alle *caratteristiche dei soggetti* (sesso, età, stato civile, professione, titolo di studio ecc.), alla *conoscenza di fatti* e avvenimenti emblematici, al *ruolo* assunto dai soggetti in tali occasioni, alle *opinioni* e le *motivazioni* che hanno spinto a tali atteggiamenti, alle *ragioni coscienti* (il perché) che suscitano determinati comportamenti.

La costruzione di un questionario non può essere fatta in maniera casuale o imprecisa, ma deve seguire un ordine e specifiche procedure nella selezione, formulazione, successione delle domande e nella scelta delle modalità di risposta. In particolare, nella costruzione del questionario vanno utilizzati alcuni accorgimenti; é opportuno infatti:

- organizzare il questionario in aree omogenee per tematica trattata, raggruppando le domande relative allo stesso tema possibilmente nella stessa area;
- adottare accorgimenti particolari a seconda del tipo di somministrazione scelta;
- individuare quanto spazio è opportuno dare al soggetto nella risposta (domande aperte, chiuse, strutturate, ecc.);
- adottare un linguaggio comprensibile a tutti gli interlocutori, non ambiguo, preciso, e chiedere cose a cui essi possano rispondere;
- essere precisi nel riferimento temporale delle domande e fare particolare attenzione all'utilizzo di quesiti retrospettivi;
- fare un uso oculato delle domande delicate, utilizzando a volte quesiti indiretti o tecniche proiettive;
- collocare le domande in modo che non influenzino le risposte alle successive e controllare la sequenza delle risposte a una stessa domanda;
- individuare la lunghezza ottimale del questionario per impegno di tempo, approfondimento di temi, ridondanza di informazioni;
- impostare graficamente il questionario in modo da renderlo una guida efficace per la compilazione e uno strumento adeguato di comunicazione;
- individuare i codici più adatti per ciascuna modalità di risposta ai quesiti del questionario;
- adottare criteri standard per le variabili strutturali; prevedere una parte del questionario (e del database) per i codici identificativi e una per i quesiti sui controlli di qualità.

Sulla scia di quanto appena detto, lo strumento SAHARAI elaborato e realizzato dall'équipe di IRPACE cerca di conciliare due diverse ma complementari esigenze: da un lato vi è una necessità di tipo più strettamente esplorativa, dall'altro una di sintesi e di utilizzabilità immediata.

Come si è mostrato in precedenza, nella costruzione dello strumento si è operata una scomposizione analitica del problema infertilità e dei connessi fenomeni intrapsichici, psicosomatici, di coppia, relazionali e sociali nel senso più ampio del termine. Le domande poste nel questionario sono riconducibili a una serie di aree problematiche e concettuali che in vario modo toccano i temi di cui sopra:

- nell'area ***sociologica*** si indagano le rappresentazioni sociali e le principali variabili "esogene" (status, ruolo, titolo di studio, contesto sociale e culturale in senso ampio) legate alla sfera sociale;

- l'area ***relazionale*** è volta ad analizzare il contesto delle relazioni immediatamente esperito dai soggetti nella propria vita quotidiana, al fine di comprendere la qualità delle relazioni stesse dei soggetti e il peso e la direzione che queste esercitano sul vissuto dei soggetti;
- l'area ***psicologica*** indaga le possibili insorgenze di problematiche;
- nell'area ***psicosomatica*** si vanno a rilevare e ad analizzare gli impatti che il vissuto e la diagnosi di infertilità hanno sul rapporto psiche-corpo dei soggetti;
- l'area ***sessuologica*** è principalmente rivolta ad analizzare i comportamenti sessuali (frequenza dei rapporti ecc.) della coppia e le rappresentazioni che i soggetti hanno del/della proprio/a partner;
- infine l'area ***marketing***, sostanzialmente trasversale alle altre, sintetizza e tipologizza i soggetti in *cluster*, utili per meglio capire le esigenze e le richieste dell'utente/cliente "tipo".

Dalla scomposizione del problema in aree – poi a loro volta scomposte in sotto-dimensioni e infine definite operativamente in "domande"– è scaturito uno strumento di notevoli dimensioni (90 domande) che va ben oltre quelle consigliate dalla metodologia della ricerca psico-sociale. Tale strumento ha però l'indubbio vantaggio di approfondire tutta una serie di aree che difficilmente vengono toccate nel colloquio clinico con le coppie che si rivolgono a un Centro di PMA. Inoltre, il *setting* nel quale viene presentato il questionario ai pazienti lo rende assimilabile agli altri esami clinici a cui la coppia si sottopone e ne giustifica agli occhi dei soggetti l'entità in termini di lunghezza. Ancora, la compilazione di un questionario di questo tipo (e in una tale situazione emotiva) non è da considerare un atto cognitivo di tipo meccanico, ma è invece profondamente legata a meccanismi di autoriflessività e di riconcettualizzazione da parte dei soggetti relativamente alla propria situazione alla luce delle risposte che mano a mano essi danno alle domande.

Da un punto di vista metodologico, nella costruzione dello strumento si sono adottate diverse tecniche di rilevazione che vanno dalle "scale di atteggiamento" a domande "proiettive". In larga parte le domande e le scale di atteggiamento sono state costruite e testate direttamente dall'équipe di IRPACE anche se, per la realizzazione di SAHARAI, sono state comunque utilizzate parti di altri questionari o test relativi all'argomento. Nel nostro caso, visto il carattere sperimentale e innovativo del progetto, l'uso di domande già "testate" precedentemente (sia in termini di capacità di rilevazione, sia di comprensibilità e semplicità di compilazione per l'intervistato) ci ha dato un qualche vantaggio sull'affidabilità dello strumento d'indagine.

Per uniformare il più possibile lo stimolo cognitivo prodotto dalle varie domande e per facilitare tanto l'operazione di tabulazione dei dati quanto quella di comparazione dei risultati, tutte sono state "chiuse" in una forma strutturata. A tal riguardo, tema rilevante nella riflessione e concettualizzazione è stato quello della standardizzazione: se essa, da un lato, garantisce l'uniformità dello stimolo cognitivo cui vengono sottoposti gli intervistati e la semplicità e univocità, una volta stabilita la codifica mediante il *code book* del passaggio dalle risposte ai codici da mandare in matrice per l'elaborazione dei dati, è altrettanto vero che la rilevazione delle opinioni e degli atteggiamenti può perdere in termini di "profondità"[126].

Per attutire (non di certo con la pretesa di annullarlo) l'effetto dell'eccessiva schematicità delle modalità di risposta proposte all'intervistato, e quindi una sua eventuale impossibilità di collocarsi in una o più categorie, si è cercato nella fase di definizione operativa di inserire più modalità di risposta possibili per rendere più "sensibile"[127] il questionario, riservandoci, comunque, la possibilità, in sede di analisi dei dati, di riaggregare, in base al principio della "vicinanza semantica", le modalità la cui distribuzione di frequenza fosse risultata sbilanciata[128]. Inoltre, poiché non è possibile che le modalità proposte nelle domande coprano la totalità delle risposte possibili, laddove lo si è ritenuto necessario è stata aggiunta la modalità "altro"[129], con l'avvertenza di specificare. Dall'analisi delle risposte possono individuarsi atteggiamenti e comportamenti imprevisti per tipo e frequenza. Le risposte "altro", quindi, verranno sottoposte a successiva postcodifica e aggregate o in una modalità residuale, o in una o più nuove categorie. In tal senso il questionario realizzato è uno strumento a carattere dinamico e incrementale. I risultati emersi dai vari campioni di popolazione ai quali lo strumento è stato e verrà sottoposto permetteranno quindi all'équipe di modificare e "ri-tarare" continuamente il questionario.

Per quanto riguarda la rilevazione degli atteggiamenti di cui si è accennato sopra, si è optato per la tecnica ideata da R. Likert, detta appunto "scala Likert". Tale tecnica (anche se con i limiti, i problemi e i *caveat*[130] messi in evidenza da S. Cacciola e A. Marradi[131]) offre un duplice vantaggio: da un lato, la relativa semplicità di costruzione per il ricercatore e di compilazione per i soggetti intervistati; dall'altro lato, la possibilità di dare risultati notevolmente interessanti o imprevisti. L'obiettivo dell'applicazione di queste tipologie di analisi statistica è descrivere, esplorare e sintetizzare i dati emersi dalla lettura del questionario.

Infatti, sottoponendo le risposte agli *item* della scala ad analisi fattoriale (di cui si parlerà successivamente), nel caso in cui emergesse un fattore unico se ne può controllare l'unidimensionalità (che è alla base della fase di costruzione); se, invece, dall'analisi risultasse una struttura multifattoriale si può concludere che «*Le variabili cui gli* item *della scala si riferiscono sono più di una, e cioè che gli* item *misurano diversi atteggiamenti o almeno diverse componenti dello stesso atteggiamento*». «*L'interpretazione di questi fattori non di rado consente di "scoprire" delle dimensioni o delle componenti degli atteggiamenti che il ricercatore stesso, a prio-*

---

126 Cannavò (1991). In: Statera G (a cura di) *Gli atteggiamenti sociali. Teoria e ricerca.* Bollati Boringhieri, Torino.

127 Per sensibilità dello strumento si intende la sua capacità di differenziare finemente i soggetti. Cfr. Arcuri L, Flores D'Arcais B (1974) *La misura degli atteggiamenti.* Giunti Barbera, Torino, p 247.

128 Cfr. Marradi A (1993) *L'analisi monovariata.* Franco Angeli, Milano.

139 Cannavò, *cap. cit.*

130 Nella costruzione delle scale di atteggiamento, seguendo i consigli degli autori si è cercato di utilizzare *item* strutturalmente semplici e cioè facendo in modo che in ogni affermazione si facesse riferimento a un solo soggetto; si è inoltre posta l'attenzione a che gli *item* riguardassero argomenti vicini al mondo della vita dei soggetti intervistati.

131 Cacciola S, Marradi A (1988) *Costruire il dato. Sulle tecniche di raccolta delle informazioni nelle scienze sociali.* Franco Angeli, Milano.

ri, non aveva presenti: in questo caso l'analisi fattoriale diviene anche un utile strumento per la "scoperta" di particolari aspetti della struttura degli atteggiamenti[132]». Gli Autori dei passi citati consigliano, in caso di struttura multifattoriale, di scomporre la scala di partenza in sotto-scale, «*Ciascuna delle quali composta da* item *che presentano un'alta saturazione nel fattore e una saturazione bassa o nulla nei rimanenti fattori*[133]». Nella costruzione delle scale si sono poi spesso utilizzati *item* semanticamente "contro-scalati" per controllare il livello di contraddizione (o di coerenza) delle riposte fornite.

Ulteriore elemento di interesse è la "specularità" dei questionari maschile e femminile; essi differiscono per due sole domande, rendendo quindi immediatamente comparabili le risposte date dalla coppia; in questo senso le eventuali incongruenze nelle risposte dei partner sono utilizzate sia come indicatore indiretto di differenti "visioni del mondo" (che quasi sempre si concretizzano in comportamenti materialmente differenti tra i due soggetti componenti la coppia), sia come indicatore di una situazione stressogena o comunque di ansia rispetto alle problematiche che i soggetti infertili si trovano a vivere.

La ricchezza del questionario comporta quindi, in termini di analisi statistica prima, e interpretativa dopo, una notevole mole di lavoro e avanzate competenze di tipo tecnico. Nel complesso i dati raccolti possono essere sottoposti a diverse tecniche di indagine statistica multivariata che ne facciano emergere – come nel caso delle analisi fattoriali[134] – le relazioni e i fattori esplicativi latenti (mediante tecniche di analisi delle componenti principali e analisi delle corrispondenze multiple) e che permettano una tipologizzazione delle coppie (mediante tecniche di *cluster analysis*). Tale lettura di tipo "macro" rappresenta un osservatorio privilegiato e assolutamente nuovo rispetto ai fenomeni che gravitano intorno alla sfera dell'infertilità. Inoltre, la *cumulabilità* dei dati permette confronti territoriali e temporali che forniscono preziose informazioni nell'interpretazione delle dinamiche in un ottica di monitoraggio continuo del fenomeno. Infine, la lettura macro permette di sintetizzare e descrivere le rappresentazioni sociali della patologia.

Complementare a questa lettura d'insieme, vi è una strategia "micro" di interpretazione, lettura e utilizzo dei dati. Per rendere immediatamente utilizzabili le numerose informazioni raccolte nei questionari da parte delle équipe dei Centri di PMA, si sono rintracciate in ognuna delle aree del questionario le *core question* che più sono rappresentative delle aree stesse, giungendo alla costruzione di un set di nove domande. Su queste è stato costruito un test che ci restituisce un quadro immediato e sintetico della situazione clinica della coppia e delle risorse psicologiche di cui essa dispone nell'affrontare uno o più cicli di PMA. Tale test non può essere considerato uno strumento di analisi psicologica esaustivo; esso può piut-

[132] Arcuri L, Flores d'Arcais B, *op. cit.*, p 224.

[133] *Ibidem.*

[134] Tale famiglia di tecniche statistiche, partendo dalle variabili originarie (e dalla correlazione tra queste), le sintetizza in un numero ridotto di variabili latenti che, massimizzando la varianza riprodotta, sintetizzano il contenuto informativo delle variabili di origine. Cfr. Di Franco G (2001) *EDS: Esplorare, descrivere, sintetizzare i dati.* Franco Angeli, Milano; Di Franco G, Marradi A (2003) *Analisi fattoriale e analisi in componenti principali.* Bonanno, Catania. Tanto più vi è correlazione tra uno degli *item* originari e il fattore-componente estratto, tanto più quell'*item* risulta essere caratterizzante quel fattore componente.

tosto essere ritenuto una sorta di "campanello di allarme" di fronte a situazioni di più o meno evidenti disagio psicologico dei soggetti e di una loro necessità di un supporto che travalichi gli aspetti puramente medico-specialistici. Il risultato del solo test, quindi, costituisce già una guida importante per l'équipe di PMA nel comprendere il grado di sopportazione dello stress psicologico a cui la coppia sarà sottoposta nel corso del ciclo di PMA. Inoltre, visto il peso specifico delle nove domande del questionario utilizzate nel test, i risultati di volta in volta emersi posso essere considerati come una sorta di riduzione in scala del lavoro di sintesi "macro" di cui si è detto sopra.

Tecnicamente, il test si basa su punteggi ponderati per ogni singolo *item* considerato: per ognuna delle nove domande si calcola quindi un punteggio per somma. Ciò permette una prima lettura analitica relativa ai singoli aspetti trattati nelle nove domande. Dalla somma dei punteggi ottenuti nelle nove domande si ottiene il profilo definitivo del paziente/cliente. I punteggi sono calcolati separatamente per maschi e femmine; tali punteggi sui singoli *item* vengono poi sottoposti a una analisi di coerenza che produce risultati di sintesi per la coppia su ogni singolo *item*. Ultimo passo dell'algoritmo di calcolo del risultato è la somma dei punteggi della coppia sul totale degli *item*. Il punteggio finale andrà infine a ricadere in una delle categorie di rischio elaborate dall'équipe di IRPACE, permettendo quindi una lettura sintetica della situazione socio-psico-emotiva in cui si trova la coppia che ha utilizzato il test SAHARAI.

Nella costruzione dei punteggi e dei range di punteggio entro i quali le situazioni analizzate possono essere considerate "a rischio", si è seguito (non essendoci precedenti scientifici nella quantificazione di questi tipi di fenomeni) un criterio probabilistico sui singoli *item* e di probabilità cumulate sul totale dei punteggi. In questo senso l'acquisizione continua di dati (mediante la somministrazione a diversi campioni di soggetti) permetterà all'équipe di affinare sempre meglio le categorie "di rischio" e quindi l'affidabilità dello strumento. Come detto in precedenza per il questionario nel suo complesso, anche il test è uno strumento dinamico e aperto a modifiche e ad affinamenti sulla base di nuovi dati sperimentali.

Appendice 2 - Note per la somministrazione del questionario

ALLEGATO PER GLI OPERATORI DEL CENTRO DI PMA

Il questionario per le coppie sterili è strutturato secondo l'orientamento teorico del SAHARAI *(*approccio sistemico nella riproduzione umana assistita e nell'infertilità*)* e si prefigge principalmente di:

- **Offrire** al cliente un momento di riflessione opportuno sulle dinamiche relazionali, intrapsichiche e psicosomatiche, mobilizzate da una diagnosi di sterilità.
- **Integrare la formazione** degli operatori con un approccio teorico interdisciplinare (tra medicina e psicologia) che apra "*il dialogo tra soma e psiche*", auspicato e moderno pensiero scientifico in materia di trattamento della sterilità di coppia con tecniche di PMA.
- **Migliorare la qualità** nel rapporto medico-paziente:
  a) riducendo il fenomeno della fuga dei clienti (*drop-out*)
  b) riducendo il fenomeno del distacco emozionale da parte degli operatori *(burnout)*, tipico di chi si occupa di patologie ad alto carico emotivo, evitando così le conseguenti disfunzioni organizzative dei Centri di PMA.
- **Ottenere dati** epidemiologici spendibili in ambito scientifico.

Note per la somministrazione del questionario

- Consegnare i questionari all'inizio dell'iter diagnostico, praticamente in prima accoglienza.
- Comunicare all'utenza che il questionario fa parte integrante dell'itinerario diagnostico.
- Consegnare personalmente i questionari, uno per ogni membro della coppia, chiedendo loro di leggere le note per la compilazione prima di lasciare il Centro.
- Chiedere alla coppia di restituire i questionari al Centro entro 10 giorni dalla consegna e, in ogni caso, prima d'iniziare l'iter terapeutico.
- Comunicare che vi sarà un'analisi periodica degli elaborati che verrà discussa in plenaria con l'équipe del Centro.
- Comunicare ai responsabili del progetto le eventuali difficoltà riscontrate nel fare le comunicazioni suddette all'utenza.

Appendice 3 - Note per la compilazione del questionario

ALLEGATO PER I PAZIENTI

Il nostro Centro, attraverso il questionario che vi è stato consegnato, si augura di poter condividere al meglio le problematiche della coppia durante l'itinerario diagnostico e terapeutico.
I dati contenuti nel questionario saranno utilizzati da questo Centro per approfondire la conoscenza delle vostre problematiche inerenti alla sterilità.
Questi dati, difficilmente ottenibili con un colloquio frontale, diventeranno così un prezioso completamento di quelli ottenuti attraverso le diagnostiche di laboratorio e strumentali.
La compilazione, inoltre, permetterà di ottenere un immediato fotogramma della situazione di salute generale e socio-psicologica della coppia. La misurazione di alcune domande consentirà un rapido esito che sarà discusso, al momento della successiva visita con l'équipe, alla stessa stregua degli altri risultati di laboratorio e/o strumentali.

Note per la compilazione
La coppia può scegliere di completare i dati anagrafici: (1) con nome e cognome oppure sostituirli con (2) codici numerici o pseudonimi di propria invenzione identici per entrambi.
Nel primo caso (1), accanto al cognome del marito o della moglie, va inserito il cognome del partner (ad es. marito: Capuleti/ Montecchi – moglie: Montecchi/ Capuleti) in modo da far riconoscere la coppia e poter utilizzare le informazioni ricevute all'interno del suo percorso terapeutico.
Nel secondo caso (2), il codice o lo pseudonimo usato al posto del dato anagrafico dovrà essere uguale per entrambi i membri della coppia e non sarà comunicato al personale del Centro. I dati così ottenuti saranno utilizzati solo a scopo scientifico a meno che non sia la stessa coppia, comunicando il codice, a permetterne l'accesso.
La compilazione è strettamente personale, pertanto si consiglia di eseguirla separatamente dal partner.

Le informazioni raccolte tramite il seguente questionario saranno considerate strettamente confidenziali e riservate. La preghiamo di leggere attentamente le domande e di rispondere il più sinceramente possibile. La ringraziamo per la collaborazione.

Équipe SAHARAI

Appendice 4 - Questionario maschile

DATA

STRUTTURA

GINECOLOGO

Sig. re

nome cognome

Partner

nome cognome

Data di nascita ***Comune di residenza***

Via ***Tel.*** ***e-mail***

1. Titolo di studio

- ❑ nessuno
- ❑ licenza elementare
- ❑ diploma media inferiore
- ❑ diploma media superiore
- ❑ diploma formazione professionale
- ❑ lauree brevi
- ❑ laurea

2. È soddisfatto del Suo titolo di studio?

❑ NO ❑ SÌ

3. Professione

- ❑ disoccupato
- ❑ dipendente
- ❑ artigiano
- ❑ commerciante
- ❑ libero professionista
- ❑ altro (specificare)________________

4. È soddisfatto della Sua professione?

❑ NO ❑ SÌ

5. Stato civile

- ❑ celibe
- ❑ coniugato
- ❑ separato/divorziato
- ❑ vedovo

6. Anno di matrimonio/convivenza ________________________________

7. Se coniugato si è sposato con rito

❑ civile ❑ religioso

8. Attualmente a quale religione sente di appartenere?________________________

9. Se ha dichiarato di appartenere a una religione, si considera praticante?

❑ NO ❑ SÌ

10. Ha figli?

❑ no ❑ sì, con la partner attuale ❑ sì, con la partner precedente

11. Se sì, quanti? ________________________________

12. Se sì, i suoi figli sono stati

- ❑ procreati con l'ausilio di tecniche di fecondazione (indicare quali)________________
- ❑ procreati senza ricorrere ad alcun tipo d'intervento medico
- ❑ adottati

13. Qual è, secondo Lei, il numero ideale di bambini per una famiglia?

❑ 1 ❑ 2 ❑ 3 ❑ + di 3

14. Oltre alla presenza di eventuali figli, Lei e la Sua partner vivete da soli?

❑ NO ❑ SÌ

15. Se no, con chi condividete la casa?________________________________

16. Ci sono altre persone che frequentano assiduamente (tutti i giorni o quasi) la vostra casa?

❑ NO ❑ SÌ

17. Se sì, chi? ______________________________

18. La sua famiglia di origine è composta da
(per ognuno specificare: età, professione, altri nuclei familiari).

età *professione*
Madre ______________________________
Padre ______________________________

età *professione* *sposato/a* *figli*
Fratello ______________________________
Sorella ______________________________

19. I Suoi genitori sono in vita?
- ❑ no, ho perso mia madre (specificare l'anno) ______________
- ❑ no, ho perso mio padre (specificare l'anno) ______________
- ❑ sì, entrambi
- ❑ no, ho perso entrambi (specificare l'anno) ______________

20. Negli ultimi due anni, all'interno della sua famiglia, si è verificato qualcuno dei seguenti casi? (anche più risposte)
- ❑ malattia grave di un membro della famiglia
- ❑ morte di un membro della famiglia
- ❑ morte di un amico/a o di una persona cara
- ❑ aborto
- ❑ disgregazione della famiglia per separazione, divorzio o allontanamento
- ❑ contrazione di un nuovo matrimonio da parte di un genitore/fratello/sorella
- ❑ nascita di un fratello/sorella
- ❑ problemi economici
- ❑ traslochi

21. Quanto è globalmente soddisfatto per ciascuno di questi aspetti? Indichi il grado di accordo utilizzando la scala riportata.

	Molto	Abbastanza	Poco	Per nulla
rapporto di coppia				
rapporto con fratelli				
rapporto con sorelle				
rapporto con Sua suocera				
rapporto con Suo suocero				
rapporto con Sua madre				
rapporto con Suo padre				
delle Sue amicizie				
del Suo lavoro				
della qualità della vita che conduce				

22. Ha informato i Suoi genitori della decisione di rivolgersi a un Centro di PMA?
- ❑ no, non ne sono al corrente
- ❑ sì, ne ho parlato solo con mia madre
- ❑ sì, ne ho parlato solo con mio padre
- ❑ sì, ne ho parlato con entrambi
- ❑ no, non ho più i miei genitori

23. Se sì, come hanno reagito?

- ❑ positivamente entrambi
- ❑ positivamente solo mio padre
- ❑ positivamente solo mia madre
- ❑ negativamente entrambi

24. Pensa che le aspettative di Suo padre/madre di diventare nonni possano influire sul suo attuale stato d'animo?

❑ NO ❑ SÌ

25. I legami tra genitori e figli sono molto importanti nella vita di una persona. Legga le seguenti affermazioni e risponda nel modo che ritiene più vicino alla sua esperienza. Indichi il grado di accordo utilizzando la scala riportata.

	Per nulla	Poco	Abbastanza	Molto
la mia partner chiede spesso consiglio ai suoi genitori riguardo alle nostre decisioni				
la mia partner ha bisogno di molti contatti con i suoi genitori				
chiedo spesso consiglio ai miei genitori riguardo alle decisioni che affronto con la mia partner				
ho molto bisogno di contatti con i miei genitori				
sento di poter discutere la maggior parte delle questioni apertamente e francamente con i miei genitori				
sento di poter contare sui miei genitori				
sento che i miei genitori possono contare su di me				
i miei genitori si aspettano troppo da me				
i miei genitori mi fanno sentire in colpa				
i miei genitori hanno una buona relazione di coppia				
i miei genitori hanno instaurato un buon rapporto con me				

26. Nell'ultimo anno con che frequenza temporale ha rilevato i seguenti disturbi?

	Mai	Raramente/ occasionalmente	Una/due volte al mese	Tre/quattro volte al mese	Più volte in una settimana	Tutti i giorni
cefalea recidivante						
ansia						
ipertensione						
disturbi della frequenza cardiaca						
gastrite						
colite						
dolori addominali bassi						
insonnia						
irritabilità						
cambiamenti dell'umore						

27. Nell'ultimo anno ha/le hanno rilevato i seguenti disturbi, cambiamenti del comportamento o diagnosi? (anche più di una risposta)

- ❑ aumento consistente di peso (più di cinque kg)
- ❑ perdita consistente di peso (più di cinque kg)
- ❑ caduta dei capelli
- ❑ ulcera
- ❑ acne
- ❑ dermatiti non spiegate
- ❑ aumento dell'uso di tabacco
- ❑ aumento dell'uso di alcool
- ❑ altro (specificare) ______________________________

28. Le è già stata formulata una diagnosi di infertilità/sterilità?

❑ NO ❑ SÌ

29. Se sì, da quanto tempo? ______________________________

30. Se sì, di che tipo?

❑ infertilità ❑ sterilità maschile ❑ sterilità femminile
❑ sterilità senza causa ❑ sterilità di coppia

31. Si è già sottoposto a tecniche di fecondazione assistita?

❑ NO ❑ SÌ

32. Se sì, quale tecnica è stata utilizzata e quanti sono stati i tentativi sino ad ora effettuati? ______________________________

33. Da quanto tempo desidera avere un figlio? ______________________________

34. È stata una decisione comune?
❑ NO ❑ SÌ

35. Chi è stato a parlarne per primo?
❑ io ❑ la mia partner

36. Dopo quanto tempo di tentativi naturali ha pensato di rivolgersi a un Centro di PMA?
❑ meno di 1 anno ❑ da 1 anno a 2 anni
❑ dai 2 anni ai 4 anni ❑ più di 4 anni

37. Quanto tempo di tentativi di fecondazione assistita è disposto a concedersi?
❑ meno di 1 anno ❑ da 1 anno a 2 anni
❑ dai 2 anni ai 4 anni ❑ più di 4 anni

38. Chi è al corrente delle difficoltà che sta incontrando nell'avere un figlio? (anche più risposte)
❑ padre ❑ madre ❑ suocero ❑ suocera
❑ fratello ❑ sorella ❑ sacerdote ❑ amico/a
❑ medico ❑ psicologo ❑ nessuno ❑ tutti

39. Aveva contemplato, prima d'ora, la possibilità di incontrare difficoltà nel concepimento?
❑ NO ❑ SÌ

40. Se sì, perché? ______________________________

41. Pensa che il Suo stato d'animo attuale possa influire sulla procreazione?
❑ NO ❑ SÌ

42. È la prima volta che si rivolge a un Centro di PMA?
❑ sì
❑ no, mi sono già rivolto a questo Centro per ____________nel ________
❑ no, mi sono già rivolto ad altri Centri

43. Come è venuto a conoscenza del Centro?
❑ pagine gialle
❑ pubblicità (giornali, riviste, televisione, radio)
❑ medico di base
❑ ginecologo
❑ andrologo/urologo
❑ amici
❑ altro (specificare) ______________________________

44. Perché si è rivolto a un Centro privato anziché a uno pubblico? (anche più risposte)
❑ perché le liste d'attesa sono più brevi
❑ per la migliore qualità dei servizi offerti
❑ per la maggiore probabilità di successo
❑ per la maggiore professionalità del personale sanitario
❑ perché mi dà maggiore affidabilità
❑ perché sono già stato a un Centro pubblico e mi sono trovato male
❑ per la maggior accoglienza da parte degli operatori
❑ per la maggior riservatezza

45. Perché si è rivolto a un Centro pubblico anziché a uno privato? (anche più risposte)
- ❑ perché le liste d'attesa sono più brevi
- ❑ per la migliore qualità dei servizi offerti
- ❑ per la maggiore probabilità di successo
- ❑ per la maggiore professionalità del personale sanitario
- ❑ perché mi dà maggiore affidabilità
- ❑ perché sono già stato a un Centro privato e mi sono trovato male
- ❑ per la maggior accoglienza da parte degli operatori
- ❑ per la maggior riservatezza

46. Si è rivolto a questo Centro per:
- ❑ richiedere una diagnosi
- ❑ iniziare un trattamento di PMA
- ❑ confrontare pareri diversi

47. Chi ha preso, nella vostra coppia, l'iniziativa di rivolgersi al Centro?

❑ io ❑ la mia partner

48. Si è documentato sulle modalità con cui la medicina oggi può aiutare le coppie che hanno difficoltà ad avere figli?

❑ NO ❑ SÌ

49. Se sì, in che modo? (anche più risposte)
- ❑ leggendo riviste/libri specializzati
- ❑ chiedendo al mio medico di fiducia
- ❑ altre strutture sanitarie
- ❑ parlandone con coppie che hanno già iniziato/concluso un percorso simile
- ❑ altro (specificare) ______________________________

50. Quale delle seguenti affermazioni della gente lei ritiene essere la più comune: la fecondazione assistita è...
- ❑ un'importante conquista della medicina per aiutare le coppie che lo desiderano ad avere un figlio
- ❑ una forma di manipolazione della vita umana forzando i limiti della natura
- ❑ entrambe

51. Quali dei seguenti aspetti relativi alla PMA ritiene che preoccupi maggiormente la gente? (anche più risposte)
- ❑ i costi economici
- ❑ la lunghezza dei tempi d'attesa
- ❑ non essere sicura di compiere un atto che sia del tutto naturale
- ❑ non sapere in coscienza fino a che punto il ricorso a queste tecniche sia moralmente giusto
- ❑ la possibilità di avere un figlio con problemi
- ❑ l'eventualità di peggiorare il rapporto di coppia
- ❑ far sapere a estranei la nostra difficoltà
- ❑ la possibilità di un fallimento

52. Se dovesse avere un figlio tramite tecniche di fecondazione assistita pensa che lo informerebbe delle modalità con cui è stato concepito?

- ❑ sì, in ogni caso
- ❑ no, in ogni caso
- ❑ sì, solo nel caso di una fecondazione omologa
- ❑ sì, quando il figlio sarà adulto
- ❑ non so

53. Qui di seguito è riportata una serie di affermazioni. Esprima per ognuna di esse quanto corrisponde alla sua esperienza utilizzando la scala riportata.

	Mai	Raramente	Spesso	Sempre
A. Mi capita spesso di sognare a occhi aperti come potrebbe essere mio figlio				
B. Mi sento in colpa per non avere ancora un figlio				
C. Il pensiero di un figlio è per me fonte di grande tensione				
D. In fondo penso che la mia vita sia gratificante indipendentemente dal fatto di non avere ancora un figlio				
E. Vorrei tanto dare un nipotino ai miei genitori				
F. Poter avere un figlio è il più grande desiderio che io ho				
G. Provo invidia per le persone che hanno figli				
H. Ho fiducia nel fatto che prima o poi riuscirò ad avere un figlio				
I. Riesco con tranquillità a parlare con gli altri del mio desiderio di avere un figlio				
L. Penso che se seguirò quello che i medici mi diranno di fare un figlio arriverà				
M. Evito di pensare il più possibile al fatto di non avere un figlio				
N. Evito di incontrare coppie che hanno figli				
O. In fondo penso che è inutile accanirsi contro il destino				

54. Alcuni ritengono che per ovviare alla mancanza di figli si possa ricorrere all'adozione. Qual è la Sua opinione al riguardo?

- ❑ non ci ho mai pensato
- ❑ sono scoraggiato dalla difficoltà dell'iter
- ❑ voglio avere un figlio mio
- ❑ la prenderei in considerazione come una seconda scelta
- ❑ non mi interessa l'adozione
- ❑ ho già pensato di avviare la pratica per l'adozione
- ❑ ho avviato la pratica per l'adozione

55. La legge italiana prevede la possibilità di affidare a tempo determinato a un'altra famiglia un minore che vive una situazione di forte disagio nella sua famiglia d'origine. Cosa ne pensa?

- ❑ non ne sono a conoscenza
- ❑ penso di non essere in grado di potermi occupare di un minore con una situazione familiare difficile
- ❑ mi spaventa la provvisorietà dell'affido
- ❑ mi sentirei in grado di farlo se avessi già dei figli miei
- ❑ lo farei nel caso in cui non riuscissi ad avere un figlio "mio"
- ❑ non lo farei
- ❑ ho già inoltrato la domanda

56. Dopo le difficoltà incontrate nel concepimento ha percepito in maniera diversa il suo corpo?

❑ NO ❑ SÌ

57. Se sì, in che modo?___________________________________

58. L'idea di avere un figlio e le difficoltà incontrate hanno determinato cambiamenti nel rapporto di coppia?

❑ NO ❑ SÌ

59. Se sì, quali? ___________________________________

60. Come ha reagito la Sua partner a questa difficoltà?___________________

____

61. Lei e la Sua partner avete attività in comune fuori casa?

- ❑ facciamo tutto insieme
- ❑ facciamo alcune cose insieme
- ❑ facciamo poche cose insieme
- ❑ non facciamo niente insieme

62. Nel tempo libero cosa preferisce maggiormente?

- ❑ stare con la mia partner da soli
- ❑ dedicarmi ai miei hobby
- ❑ stare insieme con gli amici

63. Lei e la Sua partner generalmente discutete le cose insieme?

- ❑ mai
- ❑ ogni tanto
- ❑ quasi sempre
- ❑ sempre

64. Solitamente, durante una discussione con la Sua partner, qual è il Suo comportamento?

- ❑ lascio cadere il discorso
- ❑ la mia partner lascia cadere il discorso
- ❑ nessuno dei due lascia cadere il discorso
- ❑ c'è tolleranza reciproca
- ❑ inizia un litigio

65. È frequente che in casa Lei sia irritato?

- ❑ mai
- ❑ occasionalmente
- ❑ frequentemente
- ❑ quasi sempre
- ❑ sempre

66. È frequente che in casa la Sua partner sia irritata?
- ❑ mai ❑ occasionalmente ❑ frequentemente
- ❑ quasi sempre ❑ sempre

67. Come considera la Sua relazione affettiva attualmente?
- ❑ buona ❑ soddisfacente
- ❑ poco soddisfacente ❑ insoddisfacente

68. Come definirebbe il sentimento nei confronti della Sua partner?
- ❑ sono molto innamorato ❑ sono mediamente innamorato
- ❑ sono poco innamorato ❑ non sono innamorato

69. Considera la Sua partner sessualmente attraente?
- ❑ molto ❑ abbastanza
- ❑ poco ❑ per nulla

70. Pensa che la Sua partner la consideri sessualmente attraente?
- ❑ molto ❑ abbastanza
- ❑ poco ❑ per nulla

71. Come considera sessualmente la Sua partner? (una risposta per ogni voce)

	Molto	Abbastanza	Poco	Per nulla
A. esuberante				
B. attiva				
C. egoista				
D. altruista				
E. fantasiosa				
F. monotona				
G. esperta				
H. inibita				
I. esigente				

72. Come Si considera sessualmente? (anche più risposte)
- ❑ esuberante ❑ attivo ❑ egoista
- ❑ altruista ❑ fantasioso ❑ monotono
- ❑ esperto ❑ inibito ❑ esigente

73. In riferimento alle ultime due risposte ritiene che nell'ultimo anno i suoi giudizi siano:
- ❑ cambiati in positivo ❑ cambiati in negativo ❑ invariati

74. Lei e la Sua partner avete rapporti sessuali completi (con penetrazione):
- ❑ sempre ❑ alcune volte ❑ mai

75. Ha mai usato anticoncezionali?

❑ NO ❑ SÌ

76. Se sì, quali? (anche più risposte)____

77. Attualmente con quale frequenza ha rapporti sessuali?
- ❑ **A.** tutti i giorni
- ❑ **B.** 2/3 volte alla settimana
- ❑ **C.** 1 volta alla settimana
- ❑ **D.** 1 volta ogni 15 giorni
- ❑ **E.** 1 volta al mese
- ❑ **F.** meno di 1 volta al mese

78. È soddisfatto di questa frequenza?
- ❑ sì
- ❑ no, vorrei rapporti più frequenti
- ❑ no, vorrei rapporti meno frequenti

79. Da quando affrontate la difficoltà nel procreare la frequenza dei vostri rapporti sessuali è cambiata?
- ❑ sì, è aumentata
- ❑ sì, è diminuita
- ❑ no, è invariata

80. La qualità dei Suoi rapporti sessuali rispetto a un anno fa attualmente è
- ❑ **A.** soddisfacente
- ❑ **B.** insoddisfacente
- ❑ **C.** prima insoddisfacente, ora soddisfacente
- ❑ **D.** prima soddisfacente, ora insoddisfacente

81. Nell'ultimo anno il Suo desiderio sessuale è
- ❑ aumentato
- ❑ diminuito
- ❑ invariato
- ❑ assente

82. Le capita di avere rapporti sessuali senza desiderio?
- ❑ quasi sempre
- ❑ a volte
- ❑ raramente
- ❑ mai

83. Chi prende l'iniziativa nei rapporti sessuali?
- ❑ più spesso io
- ❑ più spesso la mia partner
- ❑ nessuno dei due

84. Ha avuto difficoltà sessuali (anche episodiche) di questo tipo durante un'adeguata stimolazione sessuale?
- ❑ difficoltà nel raggiungere l'erezione
- ❑ perdita di erezione durante il rapporto sessuale
- ❑ eiaculazione rapida prima della penetrazione
- ❑ eiaculazione rapida subito dopo la penetrazione
- ❑ difficoltà nel raggiungere l'eiaculazione
- ❑ penetrazione dolorosa
- ❑ altro (specificare) ____________________

85. Se sì, attualmente persistono tali difficoltà?
❑ NO ❑ SÌ

86. Ne ha parlato con la Sua partner?
❑ NO ❑ SÌ

87. Si è mai rivolto a uno specialista per tali difficoltà?

- ❑ NO ❑ SÌ

88. Se sì, a chi?

- ❑ medico di base
- ❑ andrologo/urologo
- ❑ sessuologo
- ❑ psicologo
- ❑ altro (specificare) ____________________

Tempo impiegato

- ❑ 60 minuti
- ❑ 90 minuti
- ❑ 120 minuti
- ❑ più

Eventuali difficoltà avute nel compilare le domande:____________________

____

Grazie ancora per la collaborazione

La vostra collaborazione unita al nostro impegno scientifico permetterà il miglioramento della qualità della vita delle coppie che seguono un percorso medico e psicologico delicato come questo.

Si autorizza l'uso dei dati contenuti in questo documento come da legge 675/96.

FIRMA

____

Appendice 5 - Questionario femminile

DATA

STRUTTURA

GINECOLOGO

Sig. ra

nome cognome

Partner

nome cognome

Data di nascita ***Comune di residenza***

Via ***Tel.*** ***e-mail***

1. Titolo di studio

- ❑ nessuno
- ❑ licenza elementare
- ❑ diploma media inferiore
- ❑ diploma media superiore
- ❑ diploma formazione professionale
- ❑ lauree brevi
- ❑ laurea

2. È soddisfatta del Suo titolo di studio?

❑ NO ❑ SÌ

3. Professione

- ❑ disoccupata
- ❑ casalinga
- ❑ dipendente
- ❑ artigiana
- ❑ commerciante
- ❑ libera professionista
- ❑ altro (specificare) ____________________

4. È soddisfatta della Sua professione?

❑ NO ❑ SÌ

5. Stato civile

- ❑ nubile
- ❑ coniugata
- ❑ separata/divorziata
- ❑ vedova

6. Anno di matrimonio/convivenza ____________________

7. Se coniugata si è sposato con rito

❑ civile ❑ religioso

8. Attualmente a quale religione sente di appartenere? ____________________

9. Se ha dichiarato di appartenere a una religione, si considera praticante?

❑ NO ❑ SÌ

10. Ha figli?

❑ no ❑ sì, con il partner attuale ❑ sì, con il partner precedente

11. Se sì, quanti? ____________________

12. Se sì, i suoi figli sono stati

- ❑ procreati con l'ausilio di tecniche di fecondazione (indicare quali) ____________________
- ❑ procreati senza ricorrere ad alcun tipo d'intervento medico
- ❑ adottati

13. Qual è, secondo Lei, il numero ideale di bambini per una famiglia?

❑ 1 ❑ 2 ❑ 3 ❑ + di 3

14. Oltre alla presenza di eventuali figli, Lei e il Suo partner vivete da soli?

❑ NO ❑ SÌ

15. Se no, con chi condividete la casa? ____________________

16. Ci sono altre persone che frequentano assiduamente (tutti i giorni o quasi) la vostra casa?

❑ NO ❑ SÌ

17. Se sì, chi? ____________________

18. La sua famiglia di origine è composta da
(per ognuno specificare: età, professione, altri nuclei familiari).

età *professione*
Madre ____________________
Padre ____________________

età *professione* *sposato/a* *figli*
Fratello ____________________
Sorella ____________________

19. I Suoi genitori sono in vita?
- ❑ no, ho perso mia madre (specificare l'anno) ____________________
- ❑ no, ho perso mio padre (specificare l'anno) ____________________
- ❑ sì, entrambi
- ❑ no, ho perso entrambi (specificare l'anno) ____________________

20. Negli ultimi due anni, all'interno della sua famiglia, si è verificato qualcuno dei seguenti casi? (anche più risposte)
- ❑ malattia grave di un membro della famiglia
- ❑ morte di un membro della famiglia
- ❑ morte di un amico/a o di una persona cara
- ❑ aborto
- ❑ disgregazione della famiglia per separazione, divorzio o allontanamento
- ❑ contrazione di un nuovo matrimonio da parte di un genitore/fratello/sorella
- ❑ nascita di un fratello/sorella
- ❑ problemi economici
- ❑ traslochi

21. Quanto è globalmente soddisfatta per ciascuno di questi aspetti? Indichi il grado di accordo utilizzando la scala riportata.

	Molto	Abbastanza	Poco	Per nulla
rapporto di coppia				
rapporto con fratelli				
rapporto con sorelle				
rapporto con Sua suocera				
rapporto con Suo suocero				
rapporto con Sua madre				
rapporto con Suo padre				
delle Sue amicizie				
del Suo lavoro				
della qualità della vita che conduce				

22. Ha informato i Suoi genitori della decisione di rivolgersi a un Centro di PMA?
- ❑ no, non ne sono al corrente
- ❑ sì, ne ho parlato solo con mio padre
- ❑ no, non ho più i miei genitori
- ❑ sì, ne ho parlato solo con mia madre
- ❑ sì, ne ho parlato con entrambi

23. Se sì, come hanno reagito?

- ❑ positivamente entrambi
- ❑ positivamente solo mio padre
- ❑ positivamente solo mia madre
- ❑ negativamente entrambi

24. Pensa che le aspettative di Suo padre/madre di diventare nonni possano influire sul suo attuale stato d'animo?

❑ NO ❑ SÌ

25. I legami tra genitori e figli sono molto importanti nella vita di una persona. Legga le seguenti affermazioni e risponda nel modo che ritiene più vicino alla sua esperienza. Indichi il grado di accordo utilizzando la scala riportata.

	Per nulla	Poco	Abbastanza	Molto
il mio partner chiede spesso consiglio ai suoi genitori riguardo alle nostre decisioni				
il mio partner ha bisogno di molti contatti con i suoi genitori				
chiedo spesso consiglio ai miei genitori riguardo alle decisioni che affronto con il mio partner				
ho molto bisogno di contatti con i miei genitori				
sento di poter discutere la maggior parte delle questioni apertamente e francamente con i miei genitori				
sento di poter contare sui miei genitori				
sento che i miei genitori possono contare su di me				
i miei genitori si aspettano troppo da me				
i miei genitori mi fanno sentire in colpa				
i miei genitori hanno una buona relazione di coppia				
i miei genitori hanno instaurato un buon rapporto con me				

26. *Nell'ultimo anno con che frequenza temporale ha rilevato i seguenti disturbi?*

	Mai	Raramente/ occasionalmente	Una/due volte al mese	Tre/quattro volte al mese	Più volte in una settimana	Tutti i giorni
cefalea recidivante						
ansia						
ipertensione						
disturbi della frequenza cardiaca						
gastrite						
colite						
dolori addominali bassi						
insonnia						
irritabilità						
cambiamenti dell'umore						

27. *Nell'ultimo anno ha/le hanno rilevato i seguenti disturbi, cambiamenti del comportamento o diagnosi? (anche più di una risposta)*

❑ aumento consistente di peso (più di cinque kg)
❑ perdita consistente di peso (più di cinque kg)
❑ caduta dei capelli
❑ ulcera
❑ acne
❑ dermatiti non spiegate
❑ aumento dell'uso di tabacco
❑ aumento dell'uso di alcool
❑ altro (specificare) ______________________________

28. *Ha mai avuto aborti?*

❑ NO ❑ SÌ

29. *Se sì, di che tipo?*

❑ spontanei ❑ volontari

30. *Le è già stata formulata una diagnosi di infertilità/sterilità?*

❑ NO ❑ SÌ

31. *Se sì, da quanto tempo?* ______________________________

32. *Se sì, di che tipo?* ______________________________

❑ infertilità ❑ sterilità maschile ❑ sterilità femminile
❑ sterilità senza causa ❑ sterilità di coppia

33. Si è già sottoposta a tecniche di fecondazione assistita?
❑ NO ❑ SÌ

34. Se sì, quale tecnica è stata utilizzata e quanti sono stati i tentativi sino ad ora effettuati? ______

35. Da quanto tempo desidera avere un figlio? ______

36. È stata una decisione comune?
❑ NO ❑ SÌ

37. Chi è stato a parlarne per primo?
❑ io ❑ il mio partner

38. Dopo quanto tempo di tentativi naturali ha pensato di rivolgersi a un Centro di PMA?
❑ meno di 1 anno ❑ da 1 anno a 2 anni
❑ dai 2 anni ai 4 anni ❑ più di 4 anni

39. Quanto tempo di tentativi di fecondazione assistita è disposta a concedersi?
❑ meno di 1 anno ❑ da 1 anno a 2 anni
❑ dai 2 anni ai 4 anni ❑ più di 4 anni

40. Chi è al corrente delle difficoltà che sta incontrando nell'avere un figlio? (anche più risposte)
❑ padre ❑ madre ❑ suocero ❑ suocera
❑ fratello ❑ sorella ❑ sacerdote ❑ amico/a
❑ medico ❑ psicologo ❑ nessuno ❑ tutti

41. Aveva contemplato, prima d'ora, la possibilità di incontrare difficoltà nel concepimento?
❑ NO ❑ SÌ

42. Se sì, perché? ______

43. Pensa che il Suo stato d'animo attuale possa influire sulla procreazione?
❑ NO ❑ SÌ

44. È la prima volta che si rivolge a un Centro di PMA?
❑ sì
❑ no, mi sono già rivolta a questo Centro per ______ nel ______
❑ no, mi sono già rivolta ad altri Centri

45. Come è venuta a conoscenza del Centro?
❑ pagine gialle
❑ pubblicità (giornali, riviste, televisione, radio)
❑ medico di base
❑ ginecologo
❑ andrologo/urologo
❑ amici
❑ altro (specificare) ______

46. Perché si è rivolta a un Centro privato anziché a uno pubblico? (anche più risposte)
- ❑ perché le liste d'attesa sono più brevi
- ❑ per la migliore qualità dei servizi offerti
- ❑ per la maggiore probabilità di successo
- ❑ per la maggiore professionalità del personale sanitario
- ❑ perché mi dà maggiore affidabilità
- ❑ perché sono già stata a un Centro pubblico e mi sono trovata male
- ❑ per la maggior accoglienza da parte degli operatori
- ❑ per la maggior riservatezza

47. Perché si è rivolta a un Centro pubblico anziché a uno privato? (anche più risposte)
- ❑ perché le liste d'attesa sono più brevi
- ❑ per la migliore qualità dei servizi offerti
- ❑ per la maggiore probabilità di successo
- ❑ per la maggiore professionalità del personale sanitario
- ❑ perché mi dà maggiore affidabilità
- ❑ perché sono già stata a un Centro privato e mi sono trovata male
- ❑ per la maggior accoglienza da parte degli operatori
- ❑ per la maggior riservatezza

48. Si è rivolta a questo Centro per:
- ❑ richiedere una diagnosi
- ❑ iniziare un trattamento di PMA
- ❑ confrontare pareri diversi

49. Chi ha preso, nella vostra coppia, l'iniziativa di rivolgersi al Centro?

❑ io ❑ il mio partner

50. Si è documentata sulle modalità con cui la medicina oggi può aiutare le coppie che hanno difficoltà ad avere figli?

❑ NO ❑ SÌ

51. Se sì, in che modo? (anche più risposte)
- ❑ leggendo riviste/libri specializzati
- ❑ chiedendo al mio medico di fiducia
- ❑ altre strutture sanitarie
- ❑ parlandone con coppie che hanno già iniziato/concluso un percorso simile
- ❑ altro (specificare) ____________________________

52. Quale delle seguenti affermazioni della gente lei ritiene essere la più comune: la fecondazione assistita è…
- ❑ un'importante conquista della medicina per aiutare le coppie che lo desiderano ad avere un figlio
- ❑ una forma di manipolazione della vita umana forzando i limiti della natura
- ❑ entrambe

53. Quali dei seguenti aspetti relativi alla PMA ritiene che preoccupi maggiormente la gente? (anche più risposte)

- ❑ i costi economici
- ❑ la lunghezza dei tempi d'attesa
- ❑ non essere sicura di compiere un atto che sia del tutto naturale
- ❑ non sapere in coscienza fino a che punto il ricorso a queste tecniche sia moralmente giusto
- ❑ la possibilità di avere un figlio con problemi
- ❑ l'eventualità di peggiorare il rapporto di coppia
- ❑ far sapere a estranei la nostra difficoltà
- ❑ la possibilità di un fallimento

54. Se dovesse avere un figlio tramite tecniche di fecondazione assistita pensa che lo informerebbe delle modalità con cui è stato concepito?

- ❑ sì, in ogni caso ❑ no, in ogni caso
- ❑ sì, solo nel caso di una fecondazione omologa
- ❑ sì, quando il figlio sarà adulto ❑ non so

55. Qui di seguito è riportata una serie di affermazioni. Esprima per ognuna di esse quanto corrisponde alla sua esperienza utilizzando la scala riportata.

	Mai	Raramente	Spesso	Sempre
A. Mi capita spesso di sognare a occhi aperti come potrebbe essere mio figlio				
B. Mi sento in colpa per non avere ancora un figlio				
C. Il pensiero di un figlio è per me fonte di grande tensione				
D. In fondo penso che la mia vita sia gratificante indipendentemente dal fatto di non avere ancora un figlio				
E. Vorrei tanto dare un nipotino ai miei genitori				
F. Poter avere un figlio è il più grande desiderio che io ho				
G. Provo invidia per le persone che hanno figli				
H. Ho fiducia nel fatto che prima o poi riuscirò ad avere un figlio				
I. Riesco con tranquillità a parlare con gli altri del mio desiderio di avere un figlio				
L. Penso che se seguirò quello che i medici mi diranno di fare un figlio arriverà				
M. Evito di pensare il più possibile al fatto di non avere un figlio				
N. Evito di incontrare coppie che hanno figli				
O. In fondo penso che è inutile accanirsi contro il destino				

56. *Alcuni ritengono che per ovviare alla mancanza di figli si possa ricorrere all'adozione. Qual è la Sua opinione al riguardo?*

- ❑ non ci ho mai pensato
- ❑ sono scoraggiato dalla difficoltà dell'iter
- ❑ voglio avere un figlio mio
- ❑ la prenderei in considerazione come una seconda scelta
- ❑ non mi interessa l'adozione
- ❑ ho già pensato di avviare la pratica per l'adozione
- ❑ ho avviato la pratica per l'adozione

57. *La legge italiana prevede la possibilità di affidare a tempo determinato a un'altra famiglia un minore che vive una situazione di forte disagio nella sua famiglia d'origine. Cosa ne pensa?*

- ❑ non ne sono a conoscenza
- ❑ penso di non essere in grado di potermi occupare di un minore con una situazione familiare difficile
- ❑ mi spaventa la provvisorietà dell'affido
- ❑ mi sentirei in grado di farlo se avessi già dei figli miei
- ❑ lo farei nel caso in cui non riuscissi ad avere un figlio "mio"
- ❑ non lo farei
- ❑ ho già inoltrato la domanda

58. *Dopo le difficoltà incontrate nel concepimento ha percepito in maniera diversa il suo corpo?*

❑ NO ❑ SÌ

59. *Se sì, in che modo?*______________________________

60. *L'idea di avere un figlio e le difficoltà incontrate hanno determinato cambiamenti nel rapporto di coppia?*

❑ NO ❑ SÌ

61. *Se sì, quali?* ______________________________

62. *Come ha reagito il Suo partner a questa difficoltà?* ______________________________

____

63. *Lei e il Suo partner avete attività in comune fuori casa?*

- ❑ facciamo tutto insieme
- ❑ facciamo alcune cose insieme
- ❑ facciamo poche cose insieme
- ❑ non facciamo niente insieme

64. *Nel tempo libero cosa preferisce maggiormente?*

- ❑ stare con il mio partner da soli
- ❑ dedicarmi ai miei hobby
- ❑ stare insieme con gli amici

65. *Lei e il Suo partner generalmente discutete le cose insieme?*

- ❑ mai
- ❑ ogni tanto
- ❑ quasi sempre
- ❑ sempre

66. Solitamente, durante una discussione con il Suo partner, qual è il Suo comportamento?
- ❑ lascio cadere il discorso
- ❑ il mio partner lascia cadere il discorso
- ❑ nessuno dei due lascia cadere il discorso
- ❑ c'è tolleranza reciproca
- ❑ inizia un litigio

67. È frequente che in casa Lei sia irritata?
- ❑ mai
- ❑ occasionalmente
- ❑ frequentemente
- ❑ quasi sempre
- ❑ sempre

68. È frequente che in casa il Suo partner sia irritato?
- ❑ mai
- ❑ occasionalmente
- ❑ frequentemente
- ❑ quasi sempre
- ❑ sempre

69. Come considera la Sua relazione affettiva attualmente?
- ❑ buona
- ❑ soddisfacente
- ❑ poco soddisfacente
- ❑ insoddisfacente

70. Come definirebbe il sentimento nei confronti del Suo partner?
- ❑ sono molto innamorata
- ❑ sono mediamente innamorata
- ❑ sono poco innamorata
- ❑ non sono innamorata

71. Considera il Suo partner sessualmente attraente?
- ❑ molto
- ❑ abbastanza
- ❑ poco
- ❑ per nulla

72. Pensa che il Suo partner la consideri sessualmente attraente?
- ❑ molto
- ❑ abbastanza
- ❑ poco
- ❑ per nulla

73. Come considera sessualmente il Suo partner? (una risposta per ogni voce)

	Molto	Abbastanza	Poco	Per nulla
A. esuberante				
B. attivo				
C. egoista				
D. altruista				
E. fantasioso				
F. monotono				
G. esperto				
H. inibito				
I. esigente				

74. Come Si considera sessualmente? (anche più risposte)

- ❑ esuberante
- ❑ attiva
- ❑ egoista
- ❑ altruista
- ❑ fantasiosa
- ❑ monotona
- ❑ esperta
- ❑ inibita
- ❑ esigente

75. In riferimento alle ultime due risposte ritiene che nell'ultimo anno i suoi giudizi siano:

- ❑ cambiati in positivo
- ❑ cambiati in negativo
- ❑ invariati

76. Lei e il Suo partner avete rapporti sessuali completi (con penetrazione):

- ❑ sempre
- ❑ alcune volte
- ❑ mai

77. Ha mai usato anticoncezionali?

- ❑ NO
- ❑ SÌ

78. Se sì, quali? (anche più risposte)____

79. Attualmente con quale frequenza ha rapporti sessuali?

- ❑ **A.** tutti i giorni
- ❑ **B.** 2/3 volte alla settimana
- ❑ **C.** 1 volta alla settimana
- ❑ **D.** 1 volta ogni 15 giorni
- ❑ **E.** 1 volta al mese
- ❑ **F.** meno di 1 volta al mese

80. È soddisfatta di questa frequenza?

- ❑ sì
- ❑ no, vorrei rapporti più frequenti
- ❑ no, vorrei rapporti meno frequenti

81. Da quando affrontate la difficoltà nel procreare la frequenza dei vostri rapporti sessuali è cambiata?

- ❑ sì, è aumentata
- ❑ sì, è diminuita
- ❑ no, è invariata

82. La qualità dei Suoi rapporti sessuali rispetto a un anno fa attualmente è

- ❑ **A.** soddisfacente
- ❑ **B.** insoddisfacente
- ❑ **C.** prima insoddisfacente, ora soddisfacente
- ❑ **D.** prima soddisfacente, ora insoddisfacente

83. Nell'ultimo anno il Suo desiderio sessuale è

- ❑ aumentato
- ❑ diminuito
- ❑ invariato
- ❑ assente

84. Le capita di avere rapporti sessuali senza desiderio?

- ❑ quasi sempre
- ❑ a volte
- ❑ raramente
- ❑ mai

85. Chi prende l'iniziativa nei rapporti sessuali?

- ❑ più spesso io
- ❑ più spesso il mio partner
- ❑ nessuno dei due

86. Ha avuto difficoltà sessuali (anche episodiche) di questo tipo durante un'adeguata stimolazione sessuale?

- ❑ difficoltà nel raggiungere l'eccitazione sessuale
- ❑ penetrazione impossibile
- ❑ penetrazione dolorosa
- ❑ mancanza di orgasmo solo durante la penetrazione
- ❑ mancanza di orgasmo durante tutto il rapporto sessuale
- ❑ altro (specificare) ______________________

87. Se sì, attualmente persistono tali difficoltà?

❑ NO ❑ SÌ

88. Ne ha parlato con il Suo partner?

❑ NO ❑ SÌ

89. Si è mai rivolto a uno specialista per tali difficoltà?

❑ NO ❑ SÌ

90. Se sì, a chi?

- ❑ medico di base
- ❑ ginecologo
- ❑ sessuologo
- ❑ psicologo
- ❑ altro (specificare) ______________________

Tempo impiegato

- ❑ 60 minuti
- ❑ 90 minuti
- ❑ 120 minuti
- ❑ più

Eventuali difficoltà avute nel compilare le domande:______________________

____

Grazie ancora per la collaborazione

La vostra collaborazione unita al nostro impegno scientifico permetterà il miglioramento della qualità della vita delle coppie che seguono un percorso medico e psicologico delicato come questo.

Si autorizza l'uso dei dati contenuti in questo documento come da legge 675/96.

FIRMA

____

Appendice 6 - Glossario per i pazienti

Adozione di un figlio: atto legale che permette di prendere come figlio un essere umano.
Affidamento di un figlio: istituto giuridico per cui una persona prende sotto le sue cure un minorenne abbandonato e non reclamato entro tre anni dai genitori legittimi, dandogli una posizione simile a quella di un figlio.
Andrologia: branca della medicina che studia le malattie dell'apparato genitale maschile.
Aspermia: impossibilità a eiaculare.
Azoospermia: assenza di spermatozoi nell'eiaculato.
Concepimento: l'atto e l'effetto del fecondare, fenomeno fondamentale della riproduzione tra due individui di sesso diverso.
Crioconservazione: conservazione in azoto liquido (-196 °C) di gameti maschili (spermatozoi), femminili (ovociti) o embrioni allo scopo di essere utilizzati in un altro momento rispetto a quello in cui essi sono prodotti.
Diagnosi genetica preimpianto (PDG): tecnica per diagnosticare danni genetici dell'embrione prima del suo trasferimento in utero.
Eiaculato: emissione di liquido spermatico attraverso l'uretra maschile.
Esuberante: vivace, espansivo.
FIVET: fecondazione in vitro ed embryo transfer. Tecnica extracorporea che insiste in due fasi. La prima nel contatto degli spermatozoi con gli ovociti e la seconda nel trasferire gli embrioni così ottenuti in cavità uterina.
ICSI: inseminazione intra citoplasmatica. Tecnica extracorporea che consiste nell'inoculare lo spermatozoo dentro il citoplasma dell'ovocita sotto controllo microscopico.
Induzione dell'ovulazione: stimolazione farmacologica dell'ovulazione.
Infertilità: si definisce con questo termine la condizione di una coppia che, nel periodo di due anni di rapporti non protetti, non ottiene una gravidanza che vada regolarmente a termine. L'infertilità comprende coppie sterili e coppie subfertili.
Inseminazioni: tecniche che consistono nel porre il liquido seminale, precedentemente capacitato, in utero, vagina o cavità peritoneale.
Inseminazione eterologa: inseminazione che utilizza seme di donatore.
Inseminazione omologa: inseminazione che utilizza il seme del partner.
Hobby: passatempo preferito.
Inibito/a: soggetto che ha difficoltà a compiere spontaneamente un gesto o un'azione.
Irritazione: stato di persona che perde la calma.
MESA: prelievo chirurgico di spermatozoi dall'epididimo.

Procreazione medico assistita (PMA): l'insieme delle tecniche di fecondazione assistita di II e III livello usate per portare i semi maschili a contatto con le ovocellule al di fuori del normale rapporto sessuale.
Sessuologia: branca della medicina o della psicologia che studia le alterazioni del comportamento sessuale maschile e femminile.
Sterilità: condizione nella quale gli esami diagnostici hanno messo in evidenza una situazione tale da rendere quasi impossibile un concepimento naturale.
Sterilità maschile: quando il partner maschile è azospermico o aspermico.
Sterilità femminile: quando la partner femminile ha una occlusione tubarica o una mancanza dell'utero o è in menopausa.
Sterilità senza causa o infertilità idiopatica: quando non vi è una causa di infertilità dimostrabile.
Sterilità di coppia: quando i fattori di sterilità sono presenti in entrambi i componenti della coppia.
Subfertilità: condizione in cui si trovano le coppie infertili che non presentano le condizioni di sterilità e hanno quindi una possibilità, anche se ridotta, di ottenere spontaneamente una gravidanza. Anche la subfertilità può essere maschile, femminile o di coppia.
Tecniche di fecondazione assistita: sono l'insieme dei trattamenti usati per superare l'ostacolo dell'infertilità. I trattamenti per l'infertilità si dividono in I, II, III livello.
TESE-TESA: prelievo chirurgico di spermatozoi dal testicolo.
Trattamenti per l'infertilità di I livello: comprendono l'induzione dell'ovulazione e le inseminazioni.
Trattamenti per l'infertilità di II e III livello: comprendono i cosiddetti cicli di PMA. In particolare: FIVET (II livello). ICSI (II livello). Donazione di ovociti. Crioconservazione di ovuli ed embrioni. Diagnosi genetica preimpianto TESE-TESA (III livello). MESA (III livello).
Urologia: branca della medicina che studia le malattie dell'apparato urinario maschile e femminile.

Appendice 7 - Appendice normativa. La legge italiana

Legge 19 febbraio 2004, n. 40
"Norme in materia di procreazione medicalmente assistita"
pubblicata nella *Gazzetta Ufficiale* n. 45 del 24 febbraio 2004

CAPO I
PRINCÌPI GENERALI

ART. 1.
(Finalità).
1. Al fine di favorire la soluzione dei problemi riproduttivi derivanti dalla sterilità o dalla infertilità umana è consentito il ricorso alla procreazione medicalmente assistita, alle condizioni e secondo le modalità previste dalla presente legge, che assicura i diritti di tutti i soggetti coinvolti, compreso il concepito.
2. Il ricorso alla procreazione medicalmente assistita è consentito qualora non vi siano altri metodi terapeutici efficaci per rimuovere le cause di sterilità o infertilità.

ART. 2.
(Interventi contro la sterilità e la infertilità).
1. Il Ministro della salute, sentito il Ministro dell'istruzione, dell'università e della ricerca, può promuovere ricerche sulle cause patologiche, psicologiche, ambientali e sociali dei fenomeni della sterilità e della infertilità e favorire gli interventi necessari per rimuoverle nonché per ridurne l'incidenza, può incentivare gli studi e le ricerche sulle tecniche di crioconservazione dei gameti e può altresí promuovere campagne di informazione e di prevenzione dei fenomeni della sterilità e della infertilità.
2. Per le finalità di cui al comma 1 è autorizzata la spesa massima di 2 milioni di euro a decorrere dal 2004.
3. All'onere derivante dall'attuazione del comma 2 si provvede mediante corrispondente riduzione dello stanziamento iscritto, ai fini del bilancio triennale 2004-2006, nell'ambito dell'unità previsionale di base di parte corrente "Fondo speciale" dello stato di previsione del Ministero dell'economia e delle finanze per l'anno 2004, allo scopo parzialmente utilizzando l'accantonamento relativo al Ministero della salute. Il Ministro dell'economia e delle finanze è autorizzato ad apportare, con propri decreti, le occorrenti variazioni di bilancio.

ART. 3.
(Modifica alla legge 29 luglio 1975, n. 405).
1. Al primo comma dell'articolo 1 della legge 29 luglio 1975, n. 405, sono aggiunte, in fine, le seguenti lettere:
"*d-bis)* l'informazione e l'assistenza riguardo ai problemi della sterilità e della infertilità umana, nonché alle tecniche di procreazione medicalmente assistita;
d-ter) l'informazione sulle procedure per l'adozione e l'affidamento familiare".
2. Dall'attuazione del presente articolo non devono derivare nuovi o maggiori oneri a carico della finanza pubblica.

CAPO II
ACCESSO ALLE TECNICHE

ART. 4.
(Accesso alle tecniche).
1. Il ricorso alle tecniche di procreazione medicalmente assistita è consentito solo quando sia accertata l'impossibilità di rimuovere altrimenti le cause impeditive della procreazione ed è comunque circoscritto ai casi di sterilità o di infertilità inspiegate documentate da atto medico nonché ai casi di sterilità o di infertilità da causa accertata e certificata da atto medico.
2. Le tecniche di procreazione medicalmente assistita sono applicate in base ai seguenti princípi:
a) gradualità, al fine di evitare il ricorso ad interventi aventi un grado di invasività tecnico e psicologico più gravoso per i destinatari, ispirandosi al principio della minore invasività;
b) consenso informato, da realizzare ai sensi dell'articolo 6.
3. È vietato il ricorso a tecniche di procreazione medicalmente assistita di tipo eterologo.

ART. 5.
(Requisiti soggettivi).
1. Fermo restando quanto stabilito dall'articolo 4, comma 1, possono accedere alle tecniche di procreazione medicalmente assistita coppie di maggiorenni di sesso diverso, coniugate o conviventi, in età potenzialmente fertile, entrambi viventi.

ART. 6.
(Consenso informato).
1. Per le finalità indicate dal comma 3, prima del ricorso ed in ogni fase di applicazione delle tecniche di procreazione medicalmente assistita il medico informa in maniera dettagliata i soggetti di cui all'articolo 5 sui metodi, sui problemi bioetici e sui possibili effetti collaterali sanitari e psicologici conseguenti all'applicazione delle tecniche stesse, sulle probabilità di successo e sui rischi dalle stesse derivanti, nonché sulle relative conseguenze giuridiche per la donna, per l'uomo e per il nascituro. Alla coppia deve essere prospettata la possibilità di ricorrere a procedure di adozione o di affidamento ai sensi della legge 4 maggio 1983, n. 184, e successive modificazioni, come alternativa alla procreazione medicalmente assistita.

Le informazioni di cui al presente comma e quelle concernenti il grado di invasività delle tecniche nei confronti della donna e dell'uomo devono essere fornite per ciascuna delle tecniche applicate e in modo tale da garantire il formarsi di una volontà consapevole e consapevolmente espressa.

2. Alla coppia devono essere prospettati con chiarezza i costi economici dell'intera procedura qualora si tratti di strutture private autorizzate.

3. La volontà di entrambi i soggetti di accedere alle tecniche di procreazione medicalmente assistita è espressa per iscritto congiuntamente al medico responsabile della struttura, secondo modalità definite con decreto dei Ministri della giustizia e della salute, adottato ai sensi dell'articolo 17, comma 3, della legge 23 agosto 1988, n. 400, entro tre mesi dalla data di entrata in vigore della presente legge. Tra la manifestazione della volontà e l'applicazione della tecnica deve intercorrere un termine non inferiore a sette giorni. La volontà può essere revocata da ciascuno dei soggetti indicati dal presente comma fino al momento della fecondazione dell'ovulo.

4. Fatti salvi i requisiti previsti dalla presente legge, il medico responsabile della struttura può decidere di non procedere alla procreazione medicalmente assistita, esclusivamente per motivi di ordine medico-sanitario. In tale caso deve fornire alla coppia motivazione scritta di tale decisione.

5. Ai richiedenti, al momento di accedere alle tecniche di procreazione medicalmente assistita, devono essere esplicitate con chiarezza e mediante sottoscrizione le conseguenze giuridiche di cui all'articolo 8 e all'articolo 9 della presente legge.

ART. 7.

(Linee guida).

1. Il Ministro della salute, avvalendosi dell'Istituto superiore di sanità, e previo parere del Consiglio superiore di sanità, definisce, con proprio decreto, da emanare entro tre mesi dalla data di entrata in vigore della presente legge, linee guida contenenti l'indicazione delle procedure e delle tecniche di procreazione medicalmente assistita.

2. Le linee guida di cui al comma 1 sono vincolanti per tutte le strutture autorizzate.

3. Le linee guida sono aggiornate periodicamente, almeno ogni tre anni, in rapporto all'evoluzione tecnico-scientifica, con le medesime procedure di cui al comma 1.

CAPO III

DISPOSIZIONI CONCERNENTI LA TUTELA DEL NASCITURO

ART. 8.

(Stato giuridico del nato).

1. I nati a seguito dell'applicazione delle tecniche di procreazione medicalmente assistita hanno lo stato di figli legittimi o di figli riconosciuti della coppia che ha espresso la volontà di ricorrere alle tecniche medesime ai sensi dell'articolo 6.

ART. 9.

(Divieto del disconoscimento della paternità e dell'anonimato della madre).

1. Qualora si ricorra a tecniche di procreazione medicalmente assistita di tipo ete-

rologo in violazione del divieto di cui all'articolo 4, comma 3, il coniuge o il convivente il cui consenso è ricavabile da atti concludenti non può esercitare l'azione di disconoscimento della paternità nei casi previsti dall'articolo 235, primo comma, numeri 1) e 2), del codice civile, né l'impugnazione di cui all'articolo 263 dello stesso codice.
2. La madre del nato a seguito dell'applicazione di tecniche di procreazione medicalmente assistita non può dichiarare la volontà di non essere nominata, ai sensi dell'articolo 30, comma 1, del regolamento di cui al decreto del Presidente della Repubblica 3 novembre 2000, n. 396.
3. In caso di applicazione di tecniche di tipo eterologo in violazione del divieto di cui all'articolo 4, comma 3, il donatore di gameti non acquisisce alcuna relazione giuridica parentale con il nato e non può far valere nei suoi confronti alcun diritto né essere titolare di obblighi.

CAPO IV
REGOLAMENTAZIONE DELLE STRUTTURE AUTORIZZATE ALL'APPLICAZIONE DELLE TECNICHE DI PROCREAZIONE MEDICALMENTE ASSISTITA

ART. 10.
(Strutture autorizzate).
1. Gli interventi di procreazione medicalmente assistita sono realizzati nelle strutture pubbliche e private autorizzate dalle regioni e iscritte al registro di cui all'articolo 11.
2. Le regioni e le province autonome di Trento e di Bolzano definiscono con proprio atto, entro tre mesi dalla data di entrata in vigore della presente legge:
a) i requisiti tecnico-scientifici e organizzativi delle strutture;
b) le caratteristiche del personale delle strutture;
c) i criteri per la determinazione della durata delle autorizzazioni e dei casi di revoca delle stesse;
d) i criteri per lo svolgimento dei controlli sul rispetto delle disposizioni della presente legge e sul permanere dei requisiti tecnico-scientifici e organizzativi delle strutture.

ART. 11.
(Registro).
1. È istituito, con decreto del Ministro della salute, presso l'Istituto superiore di sanità, il registro nazionale delle strutture autorizzate all'applicazione delle tecniche di procreazione medicalmente assistita, degli embrioni formati e dei nati a seguito dell'applicazione delle tecniche medesime.
2. L'iscrizione al registro di cui al comma 1 è obbligatoria.
3. L'Istituto superiore di sanità raccoglie e diffonde, in collaborazione con gli osservatori epidemiologici regionali, le informazioni necessarie al fine di consentire la trasparenza e la pubblicità delle tecniche di procreazione medicalmente assistita adottate e dei risultati conseguiti.
4. L'Istituto superiore di sanità raccoglie le istanze, le informazioni, i suggerimenti, le proposte delle società scientifiche e degli utenti riguardanti la procreazione

medicalmente assistita.
5. Le strutture di cui al presente articolo sono tenute a fornire agli osservatori epidemiologici regionali e all'Istituto superiore di sanità i dati necessari per le finalità indicate dall'articolo 15 nonché ogni altra informazione necessaria allo svolgimento delle funzioni di controllo e di ispezione da parte delle autorità competenti.
6. All'onere derivante dall'attuazione del presente articolo, determinato nella misura massima di 154.937 euro a decorrere dall'anno 2004, si provvede mediante corrispondente riduzione dello stanziamento iscritto, ai fini del bilancio triennale 2004-2006, nell'ambito dell'unità previsionale di base di parte corrente "Fondo speciale" dello stato di previsione del Ministero dell'economia e delle finanze per l'anno 2004, allo scopo parzialmente utilizzando l'accantonamento relativo al Ministero della salute. Il Ministro dell'economia e delle finanze è autorizzato ad apportare, con propri decreti, le occorrenti variazioni di bilancio.

CAPO V
DIVIETI E SANZIONI

ART. 12.
(Divieti generali e sanzioni).

1. Chiunque a qualsiasi titolo utilizza a fini procreativi gameti di soggetti estranei alla coppia richiedente, in violazione di quanto previsto dall'articolo 4, comma 3, è punito con la sanzione amministrativa pecuniaria da 300.000 a 600.000 euro.
2. Chiunque a qualsiasi titolo, in violazione dell'articolo 5, applica tecniche di procreazione medicalmente assistita a coppie i cui componenti non siano entrambi viventi o uno dei cui componenti sia minorenne ovvero che siano composte da soggetti dello stesso sesso o non coniugati o non conviventi è punito con la sanzione amministrativa pecuniaria da 200.000 a 400.000 euro.
3. Per l'accertamento dei requisiti di cui al comma 2 il medico si avvale di una dichiarazione sottoscritta dai soggetti richiedenti. In caso di dichiarazioni mendaci si applica l'articolo 76, commi 1 e 2, del testo unico delle disposizioni legislative e regolamentari in materia di documentazione amministrativa, di cui al decreto del Presidente della Repubblica 28 dicembre 2000, n. 445.
4. Chiunque applica tecniche di procreazione medicalmente assistita senza avere raccolto il consenso secondo le modalità di cui all'articolo 6 è punito con la sanzione amministrativa pecuniaria da 5.000 a 50.000 euro.
5. Chiunque a qualsiasi titolo applica tecniche di procreazione medicalmente assistita in strutture diverse da quelle di cui all'articolo 10 è punito con la sanzione amministrativa pecuniaria da 100.000 a 300.000 euro.
6. Chiunque, in qualsiasi forma, realizza, organizza o pubblicizza la commercializzazione di gameti o di embrioni o la surrogazione di maternità è punito con la reclusione da tre mesi a due anni e con la multa da 600.000 a un milione di euro.
7. Chiunque realizza un processo volto ad ottenere un essere umano discendente da un'unica cellula di partenza, eventualmente identico, quanto al patrimonio genetico nucleare, ad un altro essere umano in vita o morto, è punito con la reclusione da dieci a venti anni e con la multa da 600.000 a un milione di euro. Il medico è punito, altresí, con l'interdizione perpetua dall'esercizio della professione.

8. Non sono punibili l'uomo o la donna ai quali sono applicate le tecniche nei casi di cui ai commi 1, 2, 4 e 5.
9. È disposta la sospensione da uno a tre anni dall'esercizio professionale nei confronti dell'esercente una professione sanitaria condannato per uno degli illeciti di cui al presente articolo, salvo quanto previsto dal comma 7.
10. L'autorizzazione concessa ai sensi dell'articolo 10 alla struttura al cui interno è eseguita una delle pratiche vietate ai sensi del presente articolo è sospesa per un anno. Nell'ipotesi di più violazioni dei divieti di cui al presente articolo o di recidiva l'autorizzazione può essere revocata.

CAPO VI
MISURE DI TUTELA DELL'EMBRIONE

ART. 13.
(Sperimentazione sugli embrioni umani).

1. È vietata qualsiasi sperimentazione su ciascun embrione umano.
2. La ricerca clinica e sperimentale su ciascun embrione umano è consentita a condizione che si perseguano finalità esclusivamente terapeutiche e diagnostiche ad essa collegate volte alla tutela della salute e allo sviluppo dell'embrione stesso, e qualora non siano disponibili metodologie alternative.
3. Sono, comunque, vietati:
a) la produzione di embrioni umani a fini di ricerca o di sperimentazione o comunque a fini diversi da quello previsto dalla presente legge;
b) ogni forma di selezione a scopo eugenetico degli embrioni e dei gameti ovvero interventi che, attraverso tecniche di selezione, di manipolazione o comunque tramite procedimenti artificiali, siano diretti ad alterare il patrimonio genetico dell'embrione o del gamete ovvero a predeterminarne caratteristiche genetiche, ad eccezione degli interventi aventi finalità diagnostiche e terapeutiche, di cui al comma 2 del presente articolo;
c) interventi di clonazione mediante trasferimento di nucleo o di scissione precoce dell'embrione o di ectogenesi sia a fini procreativi sia di ricerca;
d) la fecondazione di un gamete umano con un gamete di specie diversa e la produzione di ibridi o di chimere.
4. La violazione dei divieti di cui al comma 1 è punita con la reclusione da due a sei anni e con la multa da 50.000 a 150.000 euro. In caso di violazione di uno dei divieti di cui al comma 3 la pena è aumentata. Le circostanze attenuanti concorrenti con le circostanze aggravanti previste dal comma 3 non possono essere ritenute equivalenti o prevalenti rispetto a queste.
5. È disposta la sospensione da uno a tre anni dall'esercizio professionale nei confronti dell'esercente una professione sanitaria condannato per uno degli illeciti di cui al presente articolo.

ART. 14.
(Limiti all'applicazione delle tecniche sugli embrioni).

1. È vietata la crioconservazione e la soppressione di embrioni, fermo restando quanto previsto dalla legge 22 maggio 1978, n. 194.

2. Le tecniche di produzione degli embrioni, tenuto conto dell'evoluzione tecnico-scientifica e di quanto previsto dall'articolo 7, comma 3, non devono creare un numero di embrioni superiore a quello strettamente necessario ad un unico e contemporaneo impianto, comunque non superiore a tre.
3. Qualora il trasferimento nell'utero degli embrioni non risulti possibile per grave e documentata causa di forza maggiore relativa allo stato di salute della donna non prevedibile al momento della fecondazione è consentita la crioconservazione degli embrioni stessi fino alla data del trasferimento, da realizzare non appena possibile.
4. Ai fini della presente legge sulla procreazione medicalmente assistita è vietata la riduzione embrionaria di gravidanze plurime, salvo nei casi previsti dalla legge 22 maggio 1978, n. 194.
5. I soggetti di cui all'articolo 5 sono informati sul numero e, su loro richiesta, sullo stato di salute degli embrioni prodotti e da trasferire nell'utero.
6. La violazione di uno dei divieti e degli obblighi di cui ai commi precedenti è punita con la reclusione fino a tre anni e con la multa da 50.000 a 150.000 euro.
7. È disposta la sospensione fino ad un anno dall'esercizio professionale nei confronti dell'esercente una professione sanitaria condannato per uno dei reati di cui al presente articolo.
8. È consentita la crioconservazione dei gameti maschile e femminile, previo consenso informato e scritto.
9. La violazione delle disposizioni di cui al comma 8 è punita con la sanzione amministrativa pecuniaria da 5.000 a 50.000 euro.

CAPO VII
DISPOSIZIONI FINALI E TRANSITORIE

ART. 15.
(Relazione al Parlamento).

1. L'Istituto superiore di sanità predispone, entro il 28 febbraio di ciascun anno, una relazione annuale per il Ministro della salute in base ai dati raccolti ai sensi dell'articolo 11, comma 5, sull'attività delle strutture autorizzate, con particolare riferimento alla valutazione epidemiologica delle tecniche e degli interventi effettuati.
2. Il Ministro della salute, sulla base dei dati indicati al comma 1, presenta entro il 30 giugno di ogni anno una relazione al Parlamento sull'attuazione della presente legge.

ART. 16.
(Obiezione di coscienza).

1. Il personale sanitario ed esercente le attività sanitarie ausiliarie non è tenuto a prendere parte alle procedure per l'applicazione delle tecniche di procreazione medicalmente assistita disciplinate dalla presente legge quando sollevi obiezione di coscienza con preventiva dichiarazione. La dichiarazione dell'obiettore deve essere comunicata entro tre mesi dalla data di entrata in vigore della presente legge al direttore dell'azienda unità sanitaria locale o dell'azienda ospedaliera, nel caso di personale dipendente, al direttore sanitario, nel caso di personale dipendente da strutture private autorizzate o accreditate.
2. L'obiezione può essere sempre revocata o venire proposta anche al di fuori dei

termini di cui al comma 1, ma in tale caso la dichiarazione produce effetto dopo un mese dalla sua presentazione agli organismi di cui al comma 1.
3. L'obiezione di coscienza esonera il personale sanitario ed esercente le attività sanitarie ausiliarie dal compimento delle procedure e delle attività specificatamente e necessariamente dirette a determinare l'intervento di procreazione medicalmente assistita e non dall'assistenza antecedente e conseguente l'intervento.

ART. 17.
(Disposizioni transitorie).
1. Le strutture e i centri iscritti nell'elenco predisposto presso l'Istituto superiore di sanità ai sensi dell'ordinanza del Ministro della sanità del 5 marzo 1997, pubblicata nella *Gazzetta Ufficiale* n. 55 del 7 marzo 1997, sono autorizzati ad applicare le tecniche di procreazione medicalmente assistita, nel rispetto delle disposizioni della presente legge, fino al nono mese successivo alla data di entrata in vigore della presente legge.
2. Entro trenta giorni dalla data di entrata in vigore della presente legge, le strutture e i centri di cui al comma 1 trasmettono al Ministero della salute un elenco contenente l'indicazione numerica degli embrioni prodotti a seguito dell'applicazione di tecniche di procreazione medicalmente assistita nel periodo precedente la data di entrata in vigore della presente legge, nonché, nel rispetto delle vigenti disposizioni sulla tutela della riservatezza dei dati personali, l'indicazione nominativa di coloro che hanno fatto ricorso alle tecniche medesime a seguito delle quali sono stati formati gli embrioni. La violazione della disposizione del presente comma è punita con la sanzione amministrativa pecuniaria da 25.000 a 50.000 euro.
3. Entro tre mesi dalla data di entrata in vigore della presente legge il Ministro della salute, avvalendosi dell'Istituto superiore di sanità, definisce, con proprio decreto, le modalità e i termini di conservazione degli embrioni di cui al comma 2.

ART. 18.
(Fondo per le tecniche di procreazione medicalmente assistita).
1. Al fine di favorire l'accesso alle tecniche di procreazione medicalmente assistita da parte dei soggetti di cui all'articolo 5, presso il Ministero della salute è istituito il Fondo per le tecniche di procreazione medicalmente assistita. Il Fondo è ripartito tra le regioni e le province autonome di Trento e di Bolzano sulla base di criteri determinati con decreto del Ministro della salute, da emanare entro sessanta giorni dalla data di entrata in vigore della presente legge, sentita la Conferenza permanente per i rapporti tra lo Stato, le regioni e le province autonome di Trento e di Bolzano.
2. Per la dotazione del Fondo di cui al comma 1 è autorizzata la spesa di 6,8 milioni di euro a decorrere dall'anno 2004.
3. All'onere derivante dall'attuazione del presente articolo si provvede mediante corrispondente riduzione dello stanziamento iscritto, ai fini del bilancio triennale 2004-2006, nell'ambito dell'unità previsionale di base di parte corrente "Fondo speciale" dello stato di previsione del Ministero dell'economia e delle finanze per l'anno 2004, allo scopo parzialmente utilizzando l'accantonamento relativo al Ministero medesimo. Il Ministro dell'economia e delle finanze è autorizzato ad apportare, con propri decreti, le occorrenti variazioni di bilancio.

Bibliografia

Monografie

- AA. VV. (2004) *Un'appropriazione indebita*. Baldini Castoldi Dalai, Milano
- Alberoni F (1979) *Innamoramento e amore*. Garzanti, Milano
- Alexander F (1956) *Psychoanalysis and psychotherapy*. Norton, New York
- Arcuri L, Flores D'Arcais GB (1974) *La misura degli atteggiamenti*. Giunti Barbera, Torino
- Bandler R, Grinder J (1981 ed. or. 1975) *La struttura della magia*. Astrolabio, Roma
- Bateson G (1984) *Mente e natura*. Adelphi, Milano
- Bateson G (1976) *Verso un'ecologia della mente*. Adelphi, Milano
- Bauman Z (2004) *Amore liquido. Sulla fragilità dei legami affettivi*. Laterza, Roma-Bari
- Bocchi G, Ceruti M (1985) *La sfida della complessità*. Feltrinelli, Milano
- Bohrnstedt GW, Knoke D (1998) *Statistica per le scienze sociali*. Il Mulino, Bologna
- Brush FR, Levine S (a cura di) (1989) *Psychoendocrinology*. Academic Press, San Diego-London
- Cacciola S, Marradi A (1988) *Costruire il dato. Sulle tecniche di raccolta delle informazioni nelle scienze sociali*. Franco Angeli, Milano
- Capra F (1989) *Il Tao della fisica*. Adelphi, Milano
- Carli R (a cura di) (1993) *L'analisi della domanda in psicologia clinica*. Giuffrè, Milano
- Carpenter E (1984) *Sex*. In: *Selected Writings*, vol. 1. Gmp, London
- Carse JP (1986) *Giochi finiti e infiniti. La vita come possibilità*. Mondadori, Milano
- Di Franco G (2001) *EDS: Esplorare, descrivere, sintetizzare i dati*. Franco Angeli, Milano
- Di Franco G, Marradi A (2003) *Analisi fattoriale e analisi in componenti principali*. Bonanno, Catania
- D'Ottavio G, Simonelli C (1990) *Andrologia e psicopatologia del comportamento sessuale*. NIS, Roma
- Erickson MH (1954) *Opere*. Astrolabio, Roma
- Favretto G (1994) *Lo stress nelle organizzazioni*. Il Mulino, Bologna
- Flamigni C (1998) *Il libro della procreazione*. Mondadori, Milano
- Foucault M (1977-1984) *Histoire de la sexualité*. Gallimard, Paris. Trad. it. *Storia della sessualità*. Feltrinelli, Milano, 1988-1991
- Foucault M (1980) *The confession of the flesh*. In: Gordon C (a cura di) *Power/knowledge*. Hemel Hempstead, Harvester
- Freud S (1978 ed. or. 1925) *La negazione*. In: *Opere*, vol. X. Bollati Boringhieri, Torino
- Freud S (1977 ed. or. 1923) *L'organizzazione genitale infantile*. In: *Opere*, vol. IX. Bollati Boringhieri, Torino
- Freud S (1984 ed. or. 1905) *Tre saggi sulla teoria sessuale*. In: *Opere*, vol. IV. Bollati Boringhieri Torino
- Galimberti U (1992) *Dizionario di psicologia*. UTET, Torino
- Giddens A (1995) *La trasformazione dell'intimità*. Il Mulino, Bologna
- Giddens A (1991) *Modernity and self-identity*. Polity, Cambridge
- Habermas J (2002) *Il futuro della natura umana. I rischi di una genetica liberale*. Einaudi, Torino
- Habermas J (1986) *Teoria dell'agire comunicativo*. Il Mulino, Bologna
- Haley J (1991) *La terapia del problem-solving. Nuove strategie per una terapia familiare efficace*. NIS, Roma
- Hinde RA (1982) *Le relazioni interpersonali*. Il Mulino, Bologna
- Hornstein HA et al. (1971) *Social intervention: a behavioral science approach*. Free Press, New York
- Jonas H (1997) *Tecnica, medicina ed etica. Prassi del principio responsabilità*. Einaudi, Torino
- Jonas H (1993) *Il principio responsabilità. Un'etica per la civiltà tecnologica*. Einaudi, Torino
- Keppel G, Saufley WH, Tokunaga HH (2001) *Disegno sperimentale e analisi dei dati in psicologia*. EdiSES, Napoli
- Kinsey A et al. (1953) *Sexual behaviour in the human female*. WB Saunders, Philadelphia
- Kinsey A et al. (1948) *Sexual behaviour in the human male*. WB Saunders, Philadelphia
- Lewin K (1972) *Teoria e sperimentazione in psicologia sociale*. Il Mulino, Bologna
- Marcuse H (1967) *Eros e civiltà*. Einaudi, Torino

- Marradi A (1993) *L'analisi monovariata*. Franco Angeli, Milano
- Masters WH, Johnson VE (1966) *Human sexual response*. Little Brown, Boston
- Maturana H, Varela F (1989) *Autopoiesi e cognizione*. Marsilio, Padova
- Maturana H, Varela F (1995) *L'albero della conoscenza*. Garzanti, Milano
- May R (1991) *L'arte del counseling*. Astrolabio, Roma
- Morin E (1985) *Il metodo. Ordine, disordine, organizzazione*. Feltrinelli, Milano
- Nappi C, De Carlo C, Guida M (a cura di) (1996) *Infertilità e sterilità*. CIC Edizioni Internazionali, Roma
- Palombo M (2004) *Strumenti e strategie della ricerca sociale. Dall'interrogazione alla relazione*. Franco Angeli, Milano
- Pedrabissi L, Santiniello M (1997) *I test psicologici*. Il Mulino, Bologna
- Pines M (1988) *Bion e la psicoterapia di gruppo*. Borla, Roma
- Reich W (1987) *La rivoluzione sessuale*. Feltrinelli, Milano
- Reich W (1948) *Ascolta piccolo uomo*. SugarCo, Milano
- Reiss H et al. (1999) *Medicina della riproduzione dall'A alla Z*. CIC Edizioni Internazionali, Roma
- Rifelli G (1998) *Psicologia e psicopatologia della sessualità*. Il Mulino, Bologna
- Rodotà S (a cura di) (1993) *Questioni di bioetica*. Laterza, Roma-Bari
- Savagnone G (2004) *Metamorfosi della persona*. Elledici, Torino
- Schein EH (1992) *Lezioni di consulenza*. Raffaello Cortina, Milano
- Soricelli E, Barbaro R (a cura di) (1998) *Bioetica e antropocentrismo etico*. Franco Angeli, Milano
- Spaltro E, de Vito Piscicelli P (1990) *Psicologia delle organizzazioni*. NIS, Roma
- Spinapolice A (2004) *Non di solo corpo*. Esseditrice, Foggia
- Statera G (a cura di) (1991) *Gli atteggiamenti sociali. Teoria e ricerca*. Bollati Boringhieri, Torino
- Stephanos UA (2003) *La maternità negata*. Bollati Boringhieri, Torino
- Toffler A (1987) *La terza ondata*. Sperling & Kupfer, Milano
- Touraine A (1997) *Critica della modernità*. EST, Milano
- Trentin R (a cura di) (1991) *Gli atteggiamenti sociali. Teoria e ricerca*. Bollati Boringhieri, Torino
- Trombetta C, Rossiello L (2000) *La ricerca-azione. Il modello di Kurt Lewin e le sue applicazioni*. Centro Studi Erickson, Trento
- Valentini C (2004) *La fecondazione proibita*. Feltrinelli, Milano
- Watzlawick P, Beavin JH, Jackson DD (1971 ed. or. 1967) *Pragmatica della comunicazione umana. Studio dei modelli interattivi, delle patologie e dei paradossi*. Astrolabio, Roma
- Watzlawick P, Nardone G (1997) *Terapia breve strategica*. Raffaello Cortina, Milano
- Watzlawick P, Weakland JH, Fisch R (1974) *Change*. Astrolabio, Roma

Articoli e capitoli di volumi

- AA.VV. (1999) *Procreazione Medicalmente Assistita: ipotesi per una rete di collaborazione a distanza fra psicologi*. La Professione di Psicologo. Giornale dell'Ordine Nazionale degli Psicologi. Anno VI, n. 8, ottobre
- Agnello G (2004) *Relationship between doctor and patient in ART failure management*. In: Atti del II WARM (World Association of Reproductive Medicine) World Congress. Roma, 6-9 maggio, 2004, www.irpace.org
- Ardenti R, Martinelli F, La Sala GB (1996) *Problematiche psicologiche della procreazione medicalmente assistita*. In: Nappi C, Di Carlo C, Guida M (a cura di) *Fertilità e sterilità*. CIC Edizioni Internazionali, Roma
- Barni M (1996) *Riproduzione assistita: quali limiti, quali regole? Il consenso informato*. In: Nappi C, Di Carlo C, Guida M (a cura di) *Fertilità e sterilità*. CIC Edizioni Internazionali, Roma
- Bateson G (1942) *The subject of cybernetics*. In: American Society for cybernetics, Conferenza di cibernetica della Macy Foundation, maggio 1942
- Chian RC et al. (2004) *In-vitro maturation of human oocytes* Reprod Biomed Online 8(2): 148-166
- Coppola F et al. (1996) *Valutazione psicometria della personalità e della psicopatologia nelle coppie sottoposte a procreazione medico-assistita*. In: Nappi C, De Carlo C, Guida M (a cura di) *Infertilità e sterilità*. CIC Edizioni Internazionali, Roma
- Connolly KJ et al. (1992) *The impact of infertility on psychological functioning*. J Psychosom Res 36(5):459-468
- Dworkin R (1999) *Die falsche Angst, Gott zu spielen*. Die Zeit 38:39
- Findikli N et al. (2004) *Assessment of DNA fragmentation and aneuploidy on poor quality human embryos*. Reprod Biomed Online 8(2):144-145
- Frasoldati A et al. (1992) *Neuroendocrinologia, stress e comportamento sessuale*. Rivista di Scienze

Sessuologiche 5(2):95-102
- Gasparini M, Roller A (2004) Donne, geni, ricerca. In: AA.VV. *Un'appropriazione indebita.* Baldini Castoldi Dalai, Milano
- Gianaroli L (2004) *Maternal aging and chromosomal abnormalities: technical approaches to correction of oocyte aneuploidy.* In: Atti del II WARM (World Association of Reproductive Medicine) World Congress. Roma, 6-9 maggio, 2004
- Gindro S (1996) *Aspetti psicoanalitici della sterilità inspiegata.* In: Nappi C, De Carlo C, Guida M (a cura di) *Fertilità e sterilità.* CIC Edizioni Internazionali, Roma
- Graziottin A (1996) *Il ruolo del ginecologo-sessuologo nei centri di procreazione assistita.* In: Nappi C, De Carlo C, Guida M (a cura di) *Fertilità e sterilità.* CIC Edizioni Internazionali, Roma
- Kuliev A, Verlinsky Y (2004) *Thirteen years' experience of preimplantation diagnosis: report of the Fifth International Symposium on Preimplantation Genetics.* Reprod Biomed Online 8(2):229-235
- La Monica B (2004) *Regole e corpi di donna.* In: AA.VV. *Un'appropriazione indebita.* Baldini Castoldi Dalai, Milano
- Levine S et al. (1989) *Psychoneuroendocrinology of stress: a psychobiological perspective.* In: Brush FR, Levine S (a cura di) *Psychoendocrinology.* Academic Press, San Diego-London
- Link PW, Darling CA (1986) *Couples undergoing treatment for infertility: dimensions of life satisfaction.* J Sex Marital Ther 12(1)46-60
- Ludwig M, Katalinic A (2002) *Malformation rate in fetuses and children conceived after ICSI: results of a prospective cohort study.* Reprod BioMed Online 5(2):171-178
- Malagoli Togliatti M, Cosanza G (1993) *La costruzione del cambiamento nell'analisi della domanda.* In: Carli R (a cura di) *L'analisi della domanda in psicologia clinica.* Giuffrè, Milano
- Mansour R (2004) *Preimplatation genetic diagnosis for Y-linked disease: why not?* Reprod Bioed Online 8(2):144-145
- Micheroux A et al. (1996) *Profilo psicoemotivo e modalità di adattamento allo stress in coppie infertili sottoposte a inseminazione eterologa.* In: Nappi C, De Carlo C, Guida M (a cura di) *Fertilità e sterilità.* CIC Edizioni Internazionali, Roma
- Mordacci R (1998) *La dissoluzione del soggetto morale in bioetica.* In: Soricelli E, Barbaro R (a cura di) *Bioetica e antropocentrismo etico.* Franco Angeli, Milano
- Ruvolo G, Gancitano R (2004) *Il congelamento di ovociti allo stadio pronucleare.* 2PN Attual Scient Biol Ripr 1:35-39
- Secci EM (2003) *Il T-group nella formazione strategica.* In: Appunti sparsi. Periodico Trimestrale del Centro Alcologico di Carbonia, Cagliari. N. 3, pp. 13-20
- Toraldo di Francia M (2004) *Sviluppo biotecnologico e dibattito "bioetico". Alcune considerazioni.* In: AA.VV. *Un'appropriazione indebita.* Baldini Castoldi Dalai, Milano
- Varela FJ (1975) *A calculus for self reference.* Int J Gen Systems 2:5-24
- Vignati R (2002) *L'assessment sessuorelazionale eseguito con una nuova metodica.* Informazione Ordine Psicologi Marche. 1:7-12
- Wennerholm UB et al. (2000) *Obstetric outcome and follow-up of children born after in vitro fertilization (IVF).* Human Fertil (Camb) 3(1)52-64

Ringraziamenti

È un momento difficile quello dei ringraziamenti, probabilmente perché svelano intimità. Il mio ringraziamento va a Emanuela, moglie e psicanalista, che ha stimolato in me l'amore per la psicologia, ha protetto fisicamente il tempo necessario alla mia lunga formazione, ha suggerito in punta di piedi delicati e importanti passaggi. Assunta Viteritti, che oltre al suo affetto ha condiviso con me la sua esperienza scientifica, mi ha insegnato a essere chiaro ed efficace, ha stimolato in me capacità di concettualizzazione e di sintesi.

Ringrazio Luisa Giglio che ha creduto nel mio progetto fin dal suo stato embrionale e lo ha sostenuto nei momenti di scoraggiamento, e Orazio Giancola che ha generosamente portato la sua expertise traducendo osservazioni in numeri, suggestioni in grafici.

Il mio riconoscimento va anche ad Alessandra Sannella per la sua bravura nel produrre testi scientifici e per l'entusiasmo che ha dimostrato nell'aiutarmi a stendere questo volume e a Marina Baldi che non ha mai esitato a chiarirmi con dolcezza i dubbi sulle tecniche genetiche che sorgevano durante la redazione.

Ringrazio la Organon che ha creduto nella validità dei contenuti di questo volume fino al punto di offrirmi risorse economiche aziendali per sostenerlo, offerta di cui non ho avuto bisogno ma che mi ha dimostrato come la ricerca e l'etica possono cooperare anche con il mercato. Grazie ancora a chi ha frequentato i nostri seminari portando ricchezza umana e scientifica ai contenuti di questa opera.